U0363988

探索一个没有石油的世界

［德］雅各布·温克尔　著

文月淑　译

小女孩法蒂玛的奇妙之旅

中国画报出版社·北京

我们无法改变风向，但可以调整风帆。

——亚里士多德

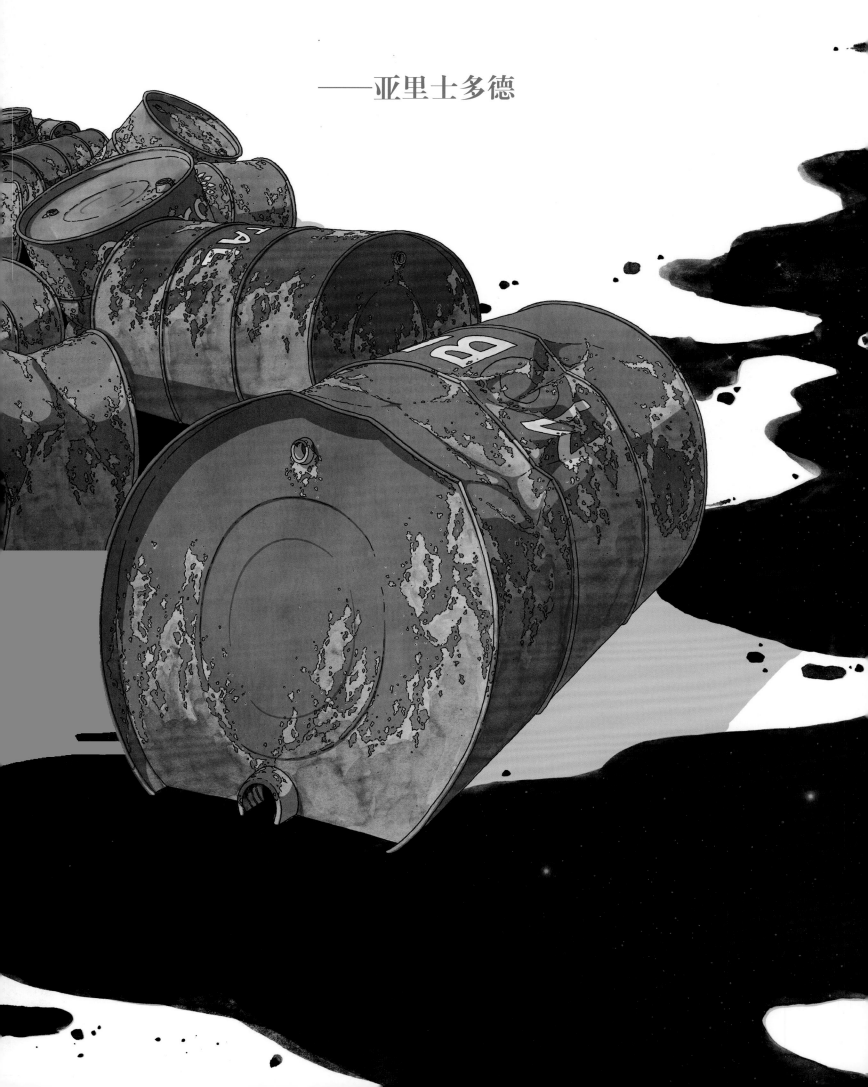

此书献给世界上的每一个孩子，以及那些尚未到来的孩子：

内维奥、特里斯坦和马努埃尔

娜拉与凯左、艾米莉与费恩、莱奥与汉娜

安娜-莱娜、米娅、贾诺

马克西米利安、达亚鲁和纳胡尔、米娅和罗莎

塞巴斯蒂安、大卫、劳林、艾达

阿尔玛·弗丽达、本诺和弗丽达、维姆

艾拉和雅娜、宝利娜和玛格、马克斯和伦纳德、诺拉、菲利克斯

文森特与艾拉、保罗与莱娜、马克西米利安与卡塔琳娜

诺伊和凯伊、琼恩、康斯坦丁、弗兰齐丝卡

米娅、埃米尔和艾达、索菲、爱丽丝和奇拉、达约

文森特、莫扬、约书亚和艾米丽

伊达-玛丽特和埃米尔、朱利叶斯和泽韦林

雅各布和卡塔琳娜、洛伦佐和马特奥、汉娜和弗洛里安

约翰娜、阿梅莉和雅各布、菲利克斯和莱奥、莱维和纳伊拉

路易斯和洛伦茨、洛塔和丽娜、玛雅和尼古拉斯

卢因与玛丽娅、莱昂·诺埃尔和玛丽娅·索菲

西奥、莱昂内尔与洛塔、艾玛与菲利克斯

玛丽娅、大卫和路易斯、马林和艾略特

埃尔菲、安东与雅娜、安东尼娅、丽娜

亚瑟、利努斯和塞缪尔、基米

古斯塔夫、莱奥和宝拉、法比奥和大卫、亚瑟

汉娜、吉娅梅、罗斯玛丽娅和安东

罗尼亚、劳拉、马隆和尤里、佐伊

乔纳森、路易、宝拉、艾伯特、利亚姆、格丽塔

诺亚和克莱奥、路易斯和特蕾泽、约翰和弗洛里安

伊利亚、弗丽达、洛特、乔尼与劳里、米洛与马文

莱奥和安娜莉、艾玛、利安德与西蒙

卢因与玛丽娅、玛格达莱娜与雅克巴、塞缪尔与阿尔玛

莱蒂西亚、诺亚、萨维塔、雅各布、约纳斯、鲁比

莱娜、艾玛和路易斯、雪琳和托宾、卢卡和米卡

约纳斯、塞西莉亚、宝拉、艾米利亚、马特奥、汤米

南多和奥斯卡、马克西米利安、罗拉、卢卡斯和尼尔斯

莱亚和索菲亚、摩西、亚伦和艾萨克、玛丽娅

莱奥和艾拉、本杰明和莱奥诺拉、西奥和艾拉

迭戈和奥斯卡、弗洛拉与莫里茨、马修与卡斯珀

奈玛与恩佐、莱奥和艾琳、露西亚

保罗、伊莎贝拉、约翰娜、路易莎

安东与约纳斯、约纳和奥斯卡、艾拉……

如何阅读这本书？

你可以把这本书当成是一个从宇宙大爆炸到未来的故事，从前往后依次阅读，或按照自己的喜好与心情选择感兴趣的内容阅读。

此外，你也可以随意翻开一页，畅游其中，或在每一页中寻找法蒂玛和隐藏的小英雄。

目　录

石油

年龄：5亿—10亿岁

分布：主要分布在地下孔洞之中，还藏身于沙子和多孔岩石中

独特之处：
充满能量的黏稠物质

组成：
碳氢分子长链

应用领域：
作为提供能量的燃料，数百万种产品的基础材料

产生的问题：
大量燃烧石油产品会释放二氧化碳，引发温室效应，导致全球变暖

相关产品：
天然气、煤炭和其他化石燃料

成就：工业革命

你好，我是法蒂玛！

地球是一颗又大又奇妙的星球，我们都是地球上的小小居民。

地球上有我们人类赖以生存的空气、水和温暖的阳光，还有一望无际的大草原、干涸的沙漠、南极和北极的寒冰、连绵的山川和肥沃的山谷，以及满是鱼儿的湖泊和海洋。在茂密的森林和广阔的草地上，随处可见动物们的身影。

在山脉、洞穴和海底的深处，藏着水晶、稀土、稀有宝石，以及有利用价值且富含能量的材料。对我们来说，这些是十分宝贵的原材料，因为我们可以用它们修建道路和房屋，制造机器或日常用品。

但是，这一切是如何产生的呢？我们人类又是如何发展成今天这个样子的呢？我们首先要了解，人类善于发明创造、寻找资源并利用大自然提供的宝贵财富，这正是人类文明发展的特点。

除了语言之外，火的利用或许是人类史上伟大的里程碑之一。后来，人类发现，可以将黏土烧制成陶器，可以从某些矿物中提取金属，炼出铜和铁，从而制造出新的工具和武器。

后来，人们发现煤炭释放的能量比干柴高很多，于是以煤炭为主要能源的蒸汽时代就这样拉开了帷幕。之后，人们还发明了巨大的蒸汽机，开始修建铁路、制造轮船并建立工厂和发电厂。有了这些基础设施和装备，人类对未来世界的畅想便开始无限延展。随后，又一位能量巨星登上了历史舞台，它便是化石燃料之王：石油。

早在几千年前，人类就开始小规模地使用石油。但直到19世纪中叶，有人在美国南部发现了第一批储量丰富的地下油田，一个崭新的时代到来了！

石油驱动着我们当今世界的发展。无论是作为机器发动机、发电站和供热系统的动力来源，还是作为各种日常产品的基本组成部分，人类对石油这种储能资源的需求与日俱增。

石油的生成需要数百万年的时间。然而，我们的使用速度却远远超过了它的再生速度。此外，石油在燃烧过程中会向大气排放二氧化碳（CO_2）气体，过多的二氧化碳会使生态失去平衡。

那么，一个没有石油的世界，一个以更加可持续的方式使用原材料的世界会是什么样子的呢？

让我们一起踏上奇妙的探索之旅，乘坐时光机飞向第一站：宇宙大爆炸时期。一起探秘万物诞生的源头，仔细观察自然规律和客观现象。然后，我们的时光机会着陆在第二站：现代。看看人们的交通方式是什么、货物又是怎样被运输的。其实我们家里就有石油的身影，那么它们究竟藏在哪里呢？接着，让我们插上想象的翅膀，一起飞到第三站：2080年。想象一下如果我们不再使用石油，这个世界将会变得多么美丽呢？

大家准备好了吗？

准备好进入一个新世界了吗？我们一起出发吧！

中子

质子

电子

回到宇宙
大爆炸时期

石油究竟是什么？它是如何产生的？它为什么蕴含如此多的能量？在启程前往一个没有石油的世界之前，让我们先来探索宇宙中最重要的规律。

你能想象吗？我们周围的所有物质都是由极小的原子组成的。它们小得难以想象，甚至无法通过显微镜看到。原子是组成我们世界的基础：从花朵、蜜蜂到树木，还有你的同桌，甚至是月亮，都是由原子组成的。

为了更好地理解这些，让我们回到宇宙诞生的时刻——宇宙大爆炸时期。

宇宙大爆炸是万物之始，我们并不知道宇宙大爆炸发生之前是什么样子。在无比剧烈的爆炸之后，数量惊人、充满能量的微小粒子在太空中飘浮。有些带正电荷，有些不带电荷，还有许多带负电荷。我们把这三种不同的"小球"称为质子、中子和电子。

质子

中子

电子

同种电荷相互排斥　　异种电荷相互吸引

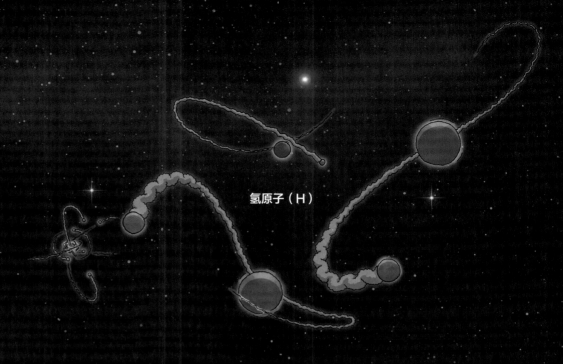

氢原子（H）

每个微小粒子都有一个目标：寻找带不同电荷的伙伴，以组成原子。然而，在宇宙初始时期，温度极高，需要数十万年才能冷却到形成最初的原子。

每个原子的原子核至少由一个带正电荷的微小质子组成。如果此时有一个更小的电子从旁边飞过，由于其带有负电荷，它将被带正电荷的原子核吸引，于是就开始绕着原子核进行永恒的圆周"舞蹈"。这时，原子就呈中性了。

今天，我们将位于元素周期表首位的微小元素称为氢，是所有原子中最小的。

两个或两个以上带正电荷的质子相遇时，它们本来是相互排斥的，但在中性中子的帮助下，就可以聚在一起了。

将原子核中的质子和中子吸引在一起的力被称为核力，它可能是我们宇宙中最强的力。

原子核中带正电荷的质子数量越多，围绕原子核运动的电子数量也就越多，它们的运动轨迹也就越不规则。同时，随着原子核质量的增加，其重量也会增加，吸引力也会更强。

原子核中的质子数量不仅决定了原子的形状和性质，还决定了各元素之间的差异。

从微小的沙粒到巨大的银河系，一切都是由各种元素组成的。各元素之间的差异只在于一个质子，这是不是很难以置信呢？

氦（He）

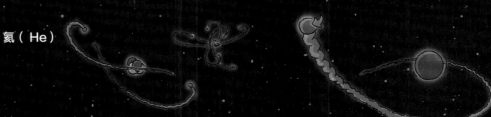

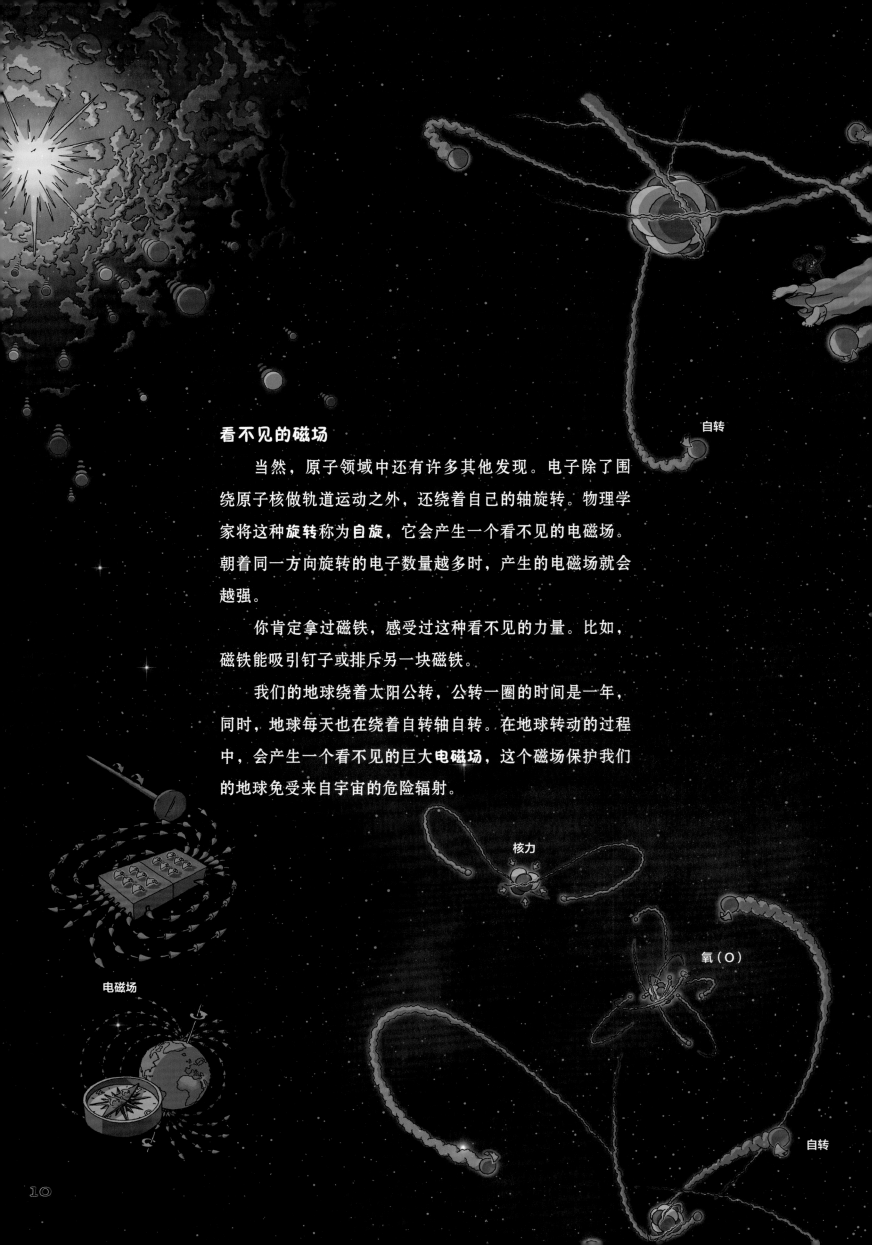

看不见的磁场

当然，原子领域中还有许多其他发现。电子除了围绕原子核做轨道运动之外，还绕着自己的轴旋转。物理学家将这种**旋转**称为**自旋**，它会产生一个看不见的电磁场。朝着同一方向旋转的电子数量越多时，产生的电磁场就会越强。

你肯定拿过磁铁，感受过这种看不见的力量。比如，磁铁能吸引钉子或排斥另一块磁铁。

我们的地球绕着太阳公转，公转一圈的时间是一年，同时，地球每天也在绕着自转轴自转。在地球转动的过程中，会产生一个看不见的巨大**电磁场**，这个磁场保护我们的地球免受来自宇宙的危险辐射。

自转

核力

氧（O）

自转

电磁场

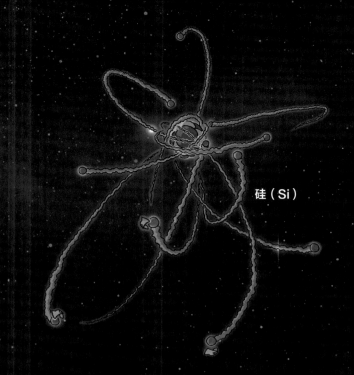

硅（Si）

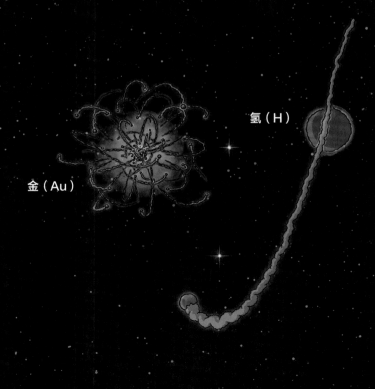

氧（O）

元素周期表

各元素的质子和电子数量并不相同，因此也具有不同性质。

例如，6个电子围绕着由6个质子组成的原子核旋转时，我们称这种原子为碳（C）。有8个质子的元素被称为氧（O），13个质子构成铝元素（Al），14个构成硅（Si），15个构成磷（P），16个则构成了硫（S）。79个电子围绕着由79个质子组成的原子核旋转时，这种元素就会开始发光，我们称之为金（Au）。

问问你的老师可不可以展示元素周期表呢？周期表上排列了世界上已知所有不同的元素。

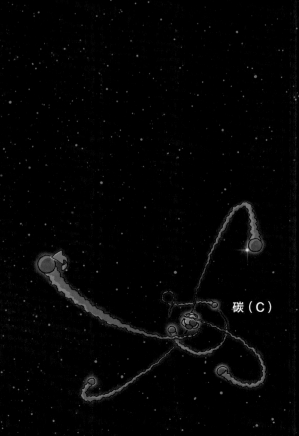

氢（H）

金（Au）

碳（C）

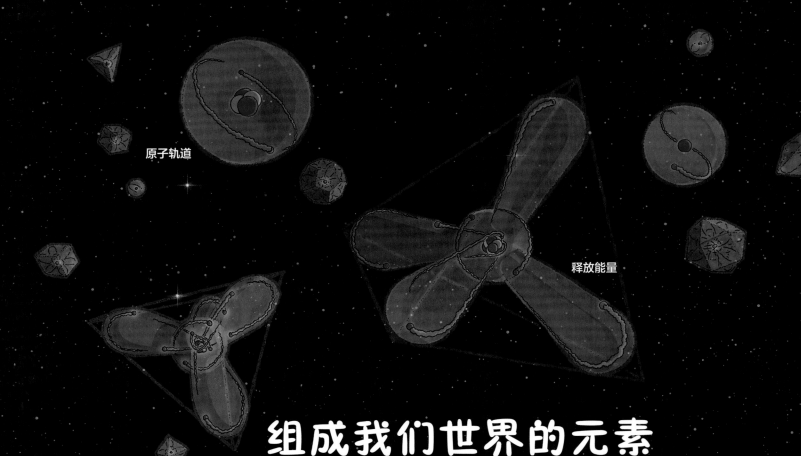

原子轨道

释放能量

组成我们世界的元素

到目前为止的内容你都清楚了吗？

我们当前宇宙中的万物是如何通过各种元素形成的呢？

现在的内容变得更加复杂了，但同时也更有吸引力了。

正电荷原子核相互排斥，使不同元素之间总是保持一定的间距。电子在原子核周围做圆周运动时也会尽可能保持最大距离，而且只在一个虚拟的空间中运动。物理学家将这一空间称为**电子层**，它们决定了原子的最初形状，每个原子轨道最多容纳两个电子。

例如，在碳元素（C）中，6个电子围绕着由6个质子组成的原子核做圆周运动。最靠近原子核的是一个呈球状的轨道，上面已经有了2个电子，其他4个电子围绕原子核做着相反的圆周运动，形成了

四个新的轨道。氧元素（O）的原子核由8个质子组成，核外围绕着8个电子。

在轨道中单独移动的电子会寻找其他有轨道空位的原子。这些原子可以是相同的元素，也可以是不同的元素。这些电子在半满轨道上开始相互做圆周运动，形成化合物，从而形成一个小原子团。我们称这个小原子团为**分子**。分子通常会继续结合，从而变成长链、环、管、结构、细胞、晶体、植物和动物。

然而，原子和分子要继续寻找其他粒子以形成

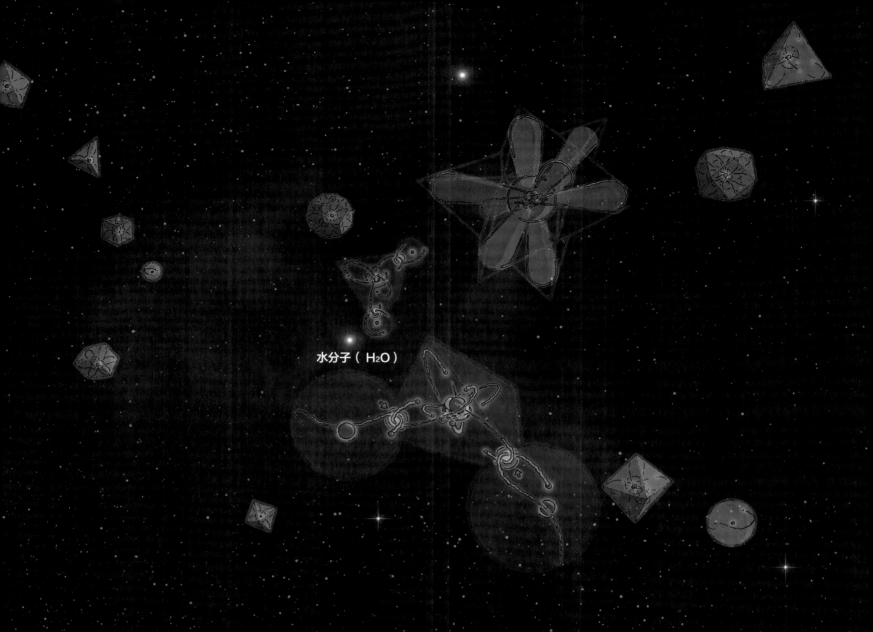

水分子（H_2O）

新的化合物或离开原来的伙伴，就需要一种非常重要的东西：能量！

我们现在宇宙中的能量仍然和宇宙大爆炸时一样。能量本身不会产生，它只是在不断转化。它可以被储存，也可以再次被释放出来。没有能量，我们的宇宙就无法形成，也就不会有生命存在。

宇宙大爆炸时的巨大能量是什么？

能量从何而来？

大约在138亿年前，宇宙大爆炸后，宇宙的温度逐渐降低，直到混沌中的原子和分子形成巨大的气体云。巨大氢星云在宇宙中无处不在，许多地方的密度非常高，以至于形成了最初的较大星团。在引力的作用下，这些星团从周围的气体云中吸引了越来越多的轻氢原子，其中心的密度越大，引力越强。太空中的小原子也被以越来越快的速度吸引到中心。在密度不断增大的中心，它们猛烈地撞击其他氢原子，并与这些氢原子融合成氦。物理学家将这一现象称为核聚变。核聚变将释放出巨大的能量，并以强烈的能量波向宇宙各个方向扩散。最初的炙热的阳光就这样**形成**了。

固态的水　　液态的水　　气态的水

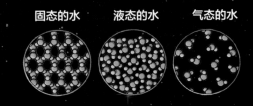

固态、液态、气态

　　分子受到能量和压力的影响，会变成固态、液态或蒸发成气态。我们将这三种状态称为**聚集态**。

　　每种元素改变其聚集态所需的能量各不相同。与水相比，金属的熔点更高，需要更多的能量才能变成气体。与之相反，占我们空气四分之三以上的氮只有在温度非常低时才能变成液态，在更低的温度下才能变成固态。在零下摄氏200度左右，我们的大气层就会结冰，形成一个坚固的冰罩，将我们的地球包围起来。

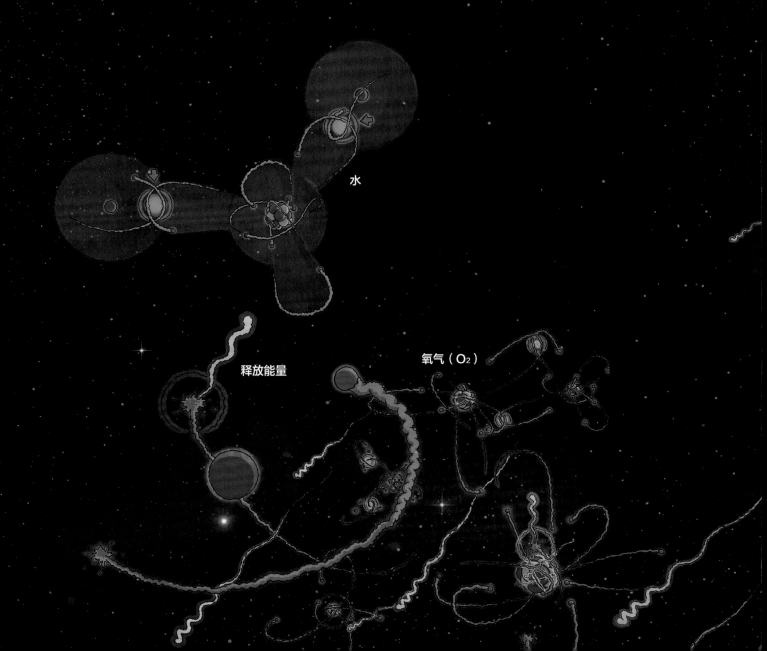

水

释放能量

氧气（O₂）

年轻的太阳

能源包（光子）

吸收能量

无线局域网 10米

无线电波1米

微波0.1米

蓝牙0.001毫米

可见光
0.0004~0.0007毫米

紫外线辐射0.0001毫米

X射线辐射
0.00001毫米

伽马射线辐射
0.000000001毫米

能量无处不在

要理解石油为何如此重要，我们必须先仔细了解一下能量。能量让我们能够运动和保持温暖。它可以储存在分子中，不断发生变化，但永远不会消失。

能量几乎总是以**波的形式**传播。这些波有不同的波长，但大多数肉眼不可见。我们只能以光和颜色的形式看到其中极小的一部分。我们可以感受到较长的波，例如热波。我们可以利用短波X射线来透视人体，利用长波向收音机和无线电发送信号。

年轻的太阳系

地球的形成

在宇宙中，围绕着年轻的恒星形成了巨大的椭圆形尘云，其中重原子和分子围绕着恒星旋转。在这些尘云中，原子结合形成分子，尘粒形成岩块，岩石块形成小·行星，直到某个时刻，在地球引力的作用下，形成一整个星球。

无论是微小的原子还是巨大的太阳，每个物体都有自己的引力，这种引力随着物体体积和重量的增加而变得越来越强。科学家们将地球的这种力称为**地球引力**或**地心·引力**。

虽然地心引力可能是宇宙中最微弱的力，但它却能让行星在其轨道上绕太阳运行，让月亮在其轨道上绕行星运行。因此，整个**星系**和巨大的**太阳系**就这样诞生了。

恒星、行星、植物、动物和人类都有生命周期，它们会在某个时刻诞生、衰老和死亡。不过，这些星系和恒星的寿命长达数十亿年，因而对于这些庞然大物来说，一切发生的时间就慢得多了。因此，我们使用**法蒂玛的盖亚（Gaia）纪年法**[1]来描述

时间，否则这么多零真是让人眼花缭乱了。

我们的太阳系大约在145盖亚年前，从银河系中的气体云中形成。太阳位于中心位置，在接下来的4~5个盖亚年里，围绕着太阳形成了金星、火星、木星、土星等行星，当然还有**我们的地球**。

此时，无数个大小不一的小行星仍在太阳系中杂乱无章地飞行，如果它们挡住了大行星的去路，大行星会将其吸引过来，它们就会变成陨石砸向大行星。这种"轰炸"持续了很久，直到太阳、行星和卫星上的所有大碎石几乎都被击碎。在某一时刻，地球也以这种方式收集了足够多的各种元素，我们所知晓的世界就诞生了。

我们年轻的地球将越来越多的重原子吸引到中心，随着时间的推移，一个致密且坚固的铁核在极大的压力下形成了。不计其数的电子在由无数个铁原子组成的内地核中移动，并且不断地相互碰撞、

---

1 盖亚纪年法是一个时间模型。1盖亚秒=1年，1盖亚分=60年，即一个人的寿命大概是1—1.5盖亚分（60—90年）。详见第18页。

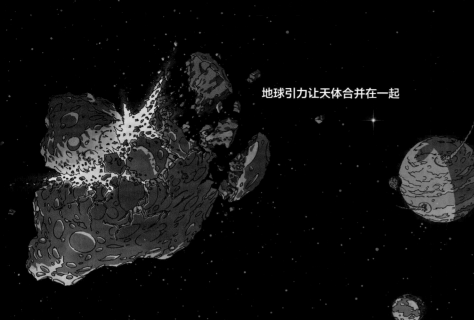
地球引力让天体合并在一起

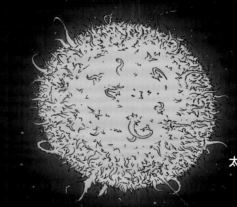
太阳

改变方向，然后又撞击其他原子。因此，地核的温度高得惊人。据科学家们估计，目前地核温度约为摄氏6000度，尽管如此，金属内地核在巨大的压力下仍然坚固。

外地核有许多**液态的**重铁原子与镍原子，不过也有许多较轻的元素混合其中，这确保了外核在极高的温度与高压下保持液态。这种由各种元素组成的黏稠物质，我们称之为岩浆。

内地核周围的岩浆在高压与高温下不断翻滚，形成了地球周围的电磁屏蔽。

离地核越远，压力越小，温度也越低，因此形成了一个**坚固的地壳**。地壳由坚固的岩层组成，它将液态的外地核与地表海洋、大气隔离开来。现在，人类、动物和植物都生活在地壳上，海洋占据了三分之二的地表面积。

在某些地方，坚固的地壳有时无法承受内部的高压与高温，便会喷出大量不同的原子与分子，这就是我们熟知的火山爆发。

然后，随着地表温度降低，液态岩浆中的重原子与分子凝固，形成了最初的岛屿与山脉。而较轻的原子与分子在火山喷发时被带到了天空中，经过25盖亚年的演化，在地球周围形成了**大气层**。在这个大气层的保护下，生命得以诞生与发展。大气层不仅为我们提供呼吸所需的空气，还保护地球上的生命免受太空影响，同时也对稳定气候变化产生了有利影响。

法蒂玛的盖亚纪年法

时间是相对的，取决于观察者所观察的长度。通过使用这个时间模型，我们可以更直观地了解地球上的变化。

对于我们人类来说，一天就是一天。

而对于蜉蝣目的小昆虫来说，一天却意味着一生。

现在，让我们想象一下我们的地球是一个生命体。因为它的体积庞大，每次行动或改变都需要花费更多的时间。对于这种规模的生命体来说，**一年**四季就像是一次心跳、一次呼吸或只是一秒钟的事。我们现在称这个时间为**盖亚秒**。

根据这个时间模型……

——我们的太阳系大约诞生于145盖亚年前。

——最早的生物，如细菌、藻类和真菌等大约在120盖亚年前出现。

——第一条鱼大约在20盖亚年前出现在海洋里。

——最后一批恐龙大约在2盖亚年前灭绝。

——至今发现的最古老的人类骨架只有2盖亚天。

——而人类年龄大约是1至1.5盖亚分。

大气层85千米

地壳5—70千米

地球内核5100千米

月球

年轻的地球

压力与密度

不同的材料拥有不同的特性。

产生这种差异的原因之一就是**密度**，即相同体积的物质重量。石头的密度比水大，因此会沉入水底。木头的密度一般较低，因此会浮在水面上。气球中的氦气密度低到能让气球飞上天空。不同元素的密度也有高有低，这取决于原子核周围有多少个电子，因此元素也有轻有重。

原子和分子所受的**压力**大小也会影响其密度。无论是轻的还是重的，所有的原子都会被地核吸引，并不断地靠近地核。越是靠近地核的原子，元素排列越紧密，压力也就越大。我们也可以感受到空气中的压力差异。山峰上的空气压力很小，而在山谷中，不同分子间的排列更紧密，因此空气压力更大。

19

生命之始

为什么会有人类呢?

自太阳系诞生以来,地球就一直围绕着太阳运行。巨大的云团聚集在大气层时,就会开始下雨。几千年来,持续的雨水与巨大的雷暴让很大一部分地表被水覆盖。

大约120盖亚年前,广阔的海洋逐渐形成了可以孕育生命的环境。在海底深处的温泉里或在阳光充足的浅水池中,碳、氧等许多原子与其他各元素结合形成各种分子,因而产生了氨基酸、糖、碱和脂肪,它们共同形成了聚合物链。这些微小的聚合物链实际上可以称为生命。为了保护自己不受外界有

浮游生物究竟长什么样子,它们每天都在做些什么? 在这本书的后面可以找到法蒂玛的知识库,如果你想进一步了解某个主题,可以立刻从第74页开始阅读。

大约3盖亚年前(大约9600万年前),大量死亡的海洋生物经过数百万年的沉积,变成了石油。这些石油是我们今天使用的较新的石油之一,而最古老的石油则比它们还要老5倍。

大约2盖亚年前(大约6600万年前),陨石撞击地球,导致恐龙这个庞然大物灭绝。

害因素的影响，它们结合起来形成细胞，这就是我们现在所说的**细菌、藻类或真菌**。

最初的细胞还通过光合作用，将二氧化碳（CO_2）转化为氧气（O_2）。因为氧气很轻，转化释放出的氧气上升至大气中，与强烈的日光发生反应，变成臭氧（O_3）。经过数十亿年的时间，大气层中形成了一层稀薄的臭氧层，保护地球上的生命免受太空辐射伤害。同时，水中积聚了越来越多的氧气，随之便出现了大型生物。这些生物不断繁殖，它们的后代适应了环境，并不断出现新物种，比如**浮游生物**，它们是微小的藻类、细菌和节肢动物。

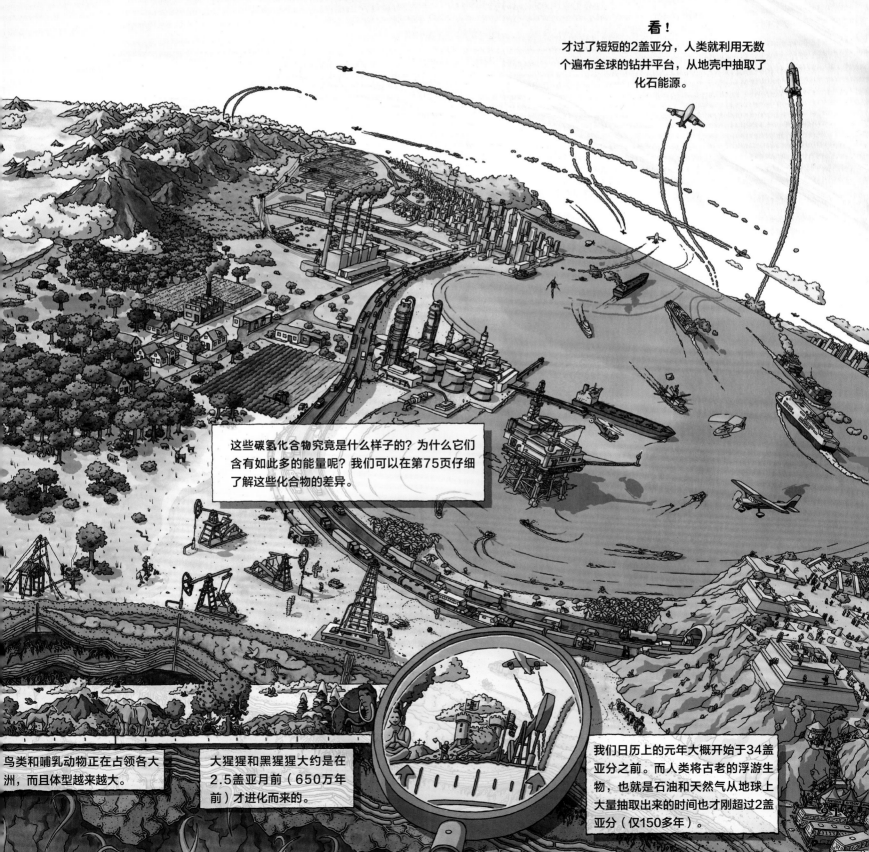

看！
才过了短短的2盖亚分，人类就利用无数个遍布全球的钻井平台，从地壳中抽取了化石能源。

这些碳氢化合物究竟是什么样子的？为什么它们含有如此多的能量呢？我们可以在第75页仔细了解这些化合物的差异。

鸟类和哺乳动物正在占领各大洲，而且体型越来越大。

大猩猩和黑猩猩大约是在2.5盖亚月前（650万年前）才进化而来的。

我们日历上的元年大概开始于34盖亚分之前。而人类将古老的浮游生物，也就是石油和天然气从地球上大量抽取出来的时间也才刚超过2盖亚分（仅150多年）。

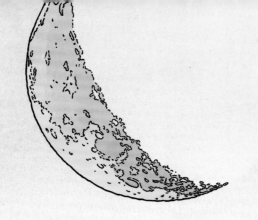

　　然而，严重的气候影响和小行星的撞击，不断导致大规模的生物灭绝。约3盖亚年前，大量的植物与动物沉入海底。经历了千百年的时间，它们被泥土、沙子、沉积物和其他物质所覆盖。

　　越来越多的岩层堆积在死去的动物或植物之上。经过几亿年的时间，在高压与地核热量的作用下，死亡的浮游生物积累了越来越多的**化学储能**。各种分子在许多岩层中分解、结合，形成长条形的富含能量的碳氢化合物。黏稠的石油与透明的**天然气**就是在这样的过程中形成的。

　　大约12盖亚年前，大气层中的臭氧保护层和丰富的食物为一些鱼类、节肢动物、寄生虫和蛛形纲动物提供了生存条件。然而，剧烈的陨石撞击导致了物种灭绝。大约2盖亚年前，巨大的**恐龙**灭绝了，征服陆地的任务就转交给了进化更快的**哺乳动物**。1盖亚年后，大陆上就随处可见始祖马

和长鼻目动物、剑齿虎和犀牛、蝙蝠和猴子这些生物的身影了。

1.5盖亚月前，**猿类**开始用两条腿站立，双手可以自由地使用工具。**最早的人类**逐渐发展起来，并很快攀升到食物链的顶端。大约在3盖亚小时前，许多人类群体开始定居下来，他们改造环境，种植植物并饲养动物。

这时候，一些地方的石油露出了地表，人类利用这些石油将箭镞与长矛粘接在一起，还用于最初的船艇防水。随着时间的推移，人类的发明精神为我们带来了越来越多的工具和机器、消费品与设备，使我们的日常生活和交流更加便捷。而所有这些新成就的实现，都离不开石油和天然气提供的大量能源支持。

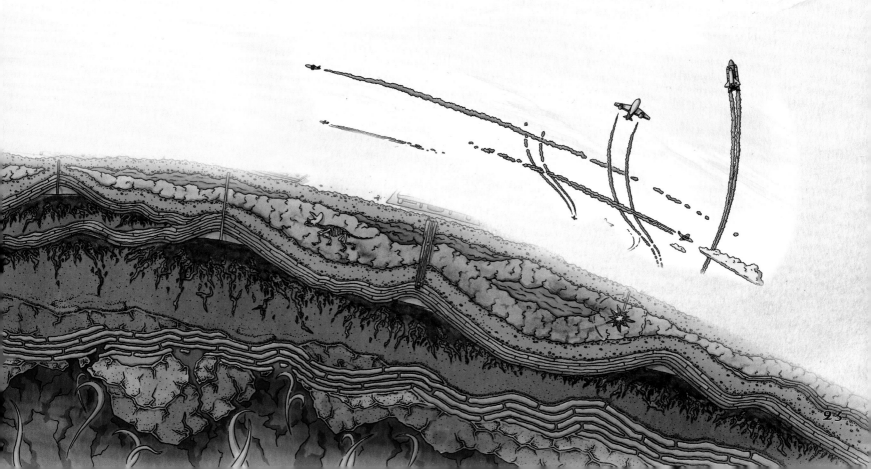

纵横交错

我们去度假、去办公室、去购物、去看病、去电影院或去剧院；我们去参加婚礼和生日派对，拜访亲友；我们飞往陌生的大洲，乘船穿越地中海，抵达热带岛屿。我们的行动路线纵横交错。

所有我们能在商店里找到的东西，通常已经绕着地球旅行了数千千米才到达我们身边。香蕉从南运到北，手机从北运到南，水泵从西运到东，牛仔裤从东送到西。而我们的炼油厂则为这些运输过程提供了燃料。

加油站为汽车和轻型摩托车提供充足的**汽油**，为客机和直升机提供足够的**煤油**，为载重汽车和客车提供大量的**柴油**，为油船、轮渡、巡洋舰和海上捕鱼船提供足够的**重油**。

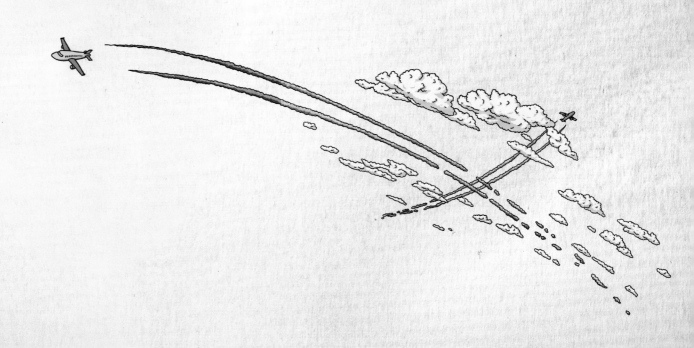

　　约超过三分之二的原油被加工成燃料，剩下的三分之一则被制成汽车车身与轮胎，就连沥青马路里也含有大量来自炼油厂的沥青。

　　看，到处都是汽车！
　　它们都是由内燃机提供动力的。

人类借助内燃机征服了世界：陆地、海洋和天空，甚至到过月球和更远的地方！我们的征服和建设之旅还在继续：

越来越多的飞机跑道、港口、马路，越来越多的飞机、轮船和汽车。

想知道炼油厂里会发生什么吗？原油可以制成哪些产品呢？翻到第76页寻找答案吧。

你是否注意到，许多汽车几乎总是停放着，通常只用于短途旅行？不知何时，这些汽车开始生锈，最终被送进废料场？为什么不在停车场种树呢？树木可以每天为我们免费提供清新的空气和阴凉。

想知道内燃机的工作原理，以及它是如何将汽油转化为动力的？……可以直接翻到第77页。

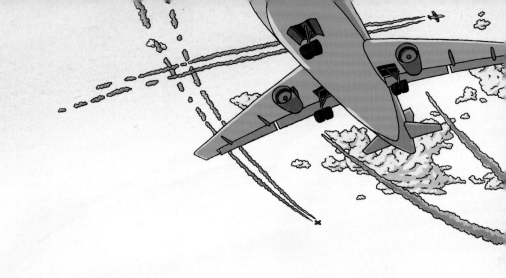

通电

你听见电缆呼呼作响了吗？

它们将电力输送到数百千米外的城市，为我们不间断地供电。这是一件好事吗？似乎在每个角落，我们都能找到那些需要每天充电的电子设备。

热电站里发生了什么？化石燃料到底是什么？
答案就在第77页和第75页。

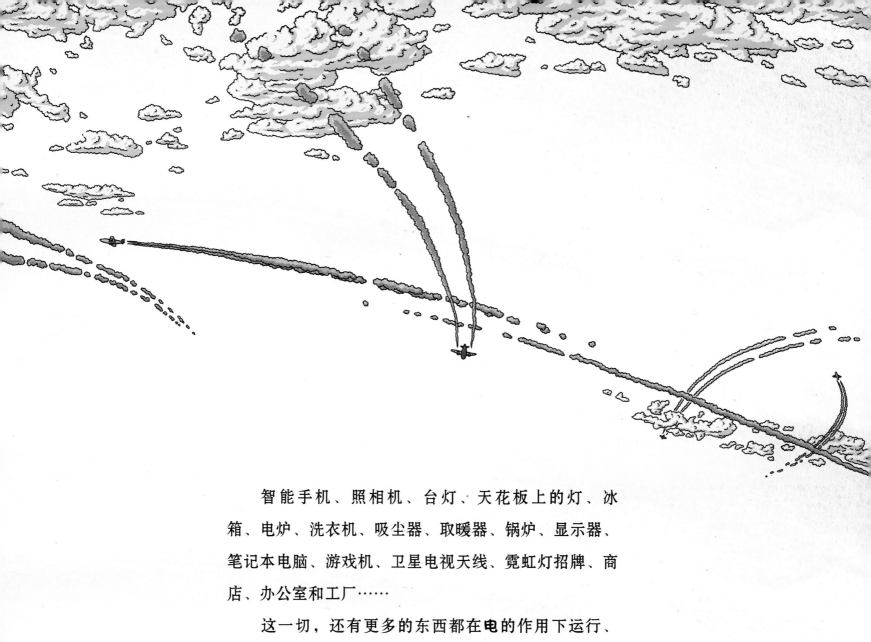

智能手机、照相机、台灯、天花板上的灯、冰箱、电炉、洗衣机、吸尘器、取暖器、锅炉、显示器、笔记本电脑、游戏机、卫星电视天线、霓虹灯招牌、商店、办公室和工厂……

这一切，还有更多的东西都在**电**的作用下运行、发光，发出哒哒声、轰轰声。

为了给所有电器提供大量电力，城外山上**发电站**的巨大烟囱正冒着浓烟。天然气、煤炭等化石燃料在那里燃烧，或是铀在那里被分离，但有些地方也通过燃烧石油和生物质来发电。

然后，电力通过数千米长的电缆输送到你家的插座中，可惜在这个过程中往往会损失大量能源，最终只有约三分之一的电力到达你家。虽然这足以满足我们的用电需求，但从长远来看，能源消耗是很大的问题。

电力究竟是什么？
是什么通过电缆和电线输送到插座？
我们可以在第77—78页找到答案！

供暖、住房、洗衣

你有没有兴趣和我一起寻找那些石油产品呢？虽然听起来很难让人相信，但我们生活中的许多物品都含有石油成分。让我们将图中含石油的物品变成透明的吧！太令人震惊了！看看有多少东西发生了变化！

石油可以制成许多不可思议的东西。石油这种神奇的原材料具有复杂的分子结构，几乎可以加工成任何物品，是名副其实的**合成材料**。将混合物掺入炼油厂提炼出的不同石油分子中，就可以加工成各种物品，例如，足球、塑料瓶、泳裤、夹克、运动鞋、气垫、浴帘、花园桌椅，以及电视机、手机、游戏机和咖啡机的外壳等。

沥青路面里成吨的沥青也是在炼油厂中炼制而成的。此外，汽车上也有大量石油产品，除了汽油、柴油、油漆、部分车身和轮胎之外，发动机中的润滑油也是石油制品。一些石油分子甚至藏在我们意想不到的地方。你能想到吗？不仅在药品、肥皂和隐形眼镜中，在妈妈的口红、你的牙膏，以及爸爸的剃须啫喱中也含有**石油成分**。

有没有发现其他含有石油成分的东西？

浴缸涂层、冰箱隔层、搁架、门、勺子、平底锅与保鲜盒中都含有石油。此外，爷爷报纸上和你喜欢乐的队海报上的印

从这些排气管和烟囱中排出的到底是什么呢？是废气。好吧，但它们究竟是如何产生的呢？木材和煤炭为什么会燃烧？我们可以在第76页详细了解。

刷油墨也离不开石油。甚至电力的传输都需要石油的帮忙。

除了插座、电灯开关、插头和灯罩之外，房子里使用的绝缘电线也都是用合成材料制成的。此外，床垫、坐垫、窗框、温室、复合地板、地毯、架子和保护漆中也含有碳链，就像保护我们免受雨雪和寒冷侵袭的房盖和保温板一样，合成材料**无处不在**，随处可见。

但这仅仅是冰山一角。你所在的社区，数十栋住宅地下室里都

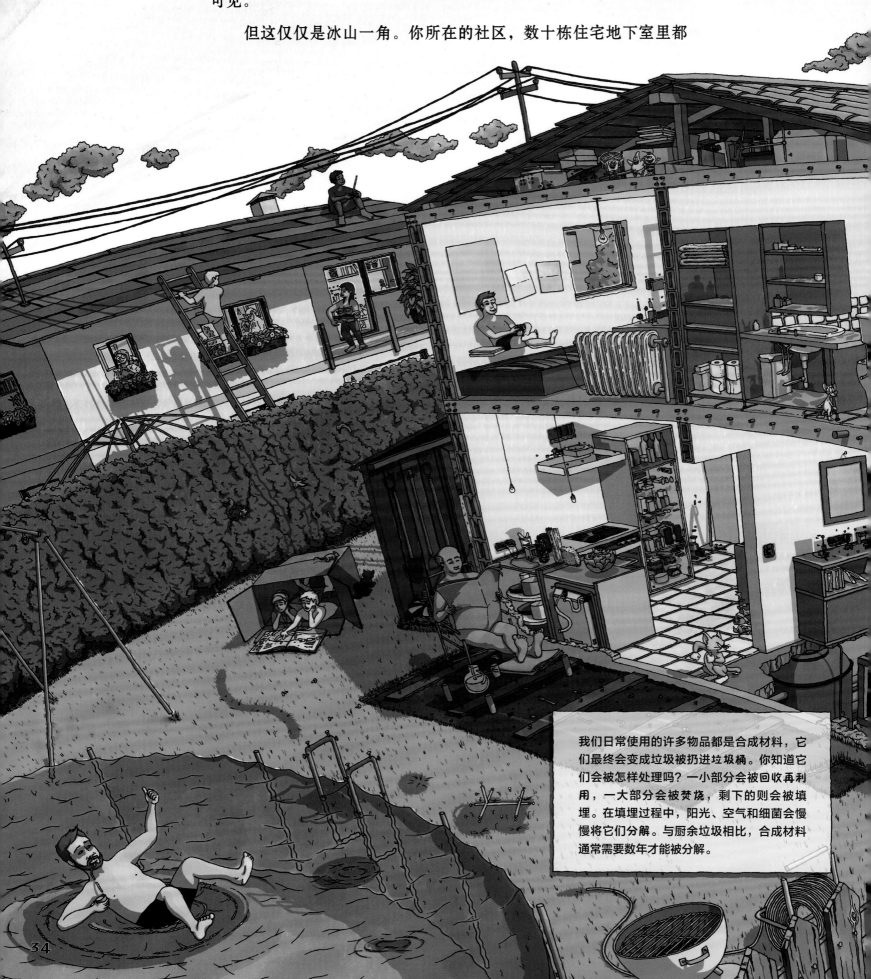

我们日常使用的许多物品都是合成材料，它们最终会变成垃圾被扔进垃圾桶。你知道它们会被怎样处理吗？一小部分会被回收再利用，一大部分会被焚烧，剩下的则会被填埋。在填埋过程中，阳光、空气和细菌会慢慢将它们分解。与厨余垃圾相比，合成材料通常需要数年才能被分解。

有**燃油**或**燃气供暖系统**，它们为我们提供温暖的房间和热水淋浴。
现在，超过三分之一的中欧家庭仍依赖燃烧石油或天然气来取暖。
尽管这些供暖方式在寒冷的冬天为我们提供了舒适的温度，但随之
产生的废气也通过烟囱排放到了大气中。

　　最后一点同样重要，那就是农业与食品工业在土地中施用**化肥**，而这些化肥中也含有石油工业的产物。

这里究竟发生了什么?

　　不久后,地球上可能会有100亿人居住。城市不断扩张,不断侵占大自然的原始区域。大规模单一种植的土地、灰色的工业区和巨大的开采区正在慢慢取代茂密的原始森林、原始沼泽地与肥沃的河道。这些人造区域被越来越多的道路和桥梁连接起来,覆盖了整个地球。我们每天都会生产新的汽车,巨大的集装箱船与邮轮在大洋之上穿梭,度假的机票也越来越便宜。大量的废气从这些交通工具的烟囱与排气管中排放出来,导致大气中的废气含量不断增加。

　　在过去的几个世纪里,欧洲的溪流被改道,沼泽被抽干。为了给我们的房屋、办公室、田地和工厂创造更多的空间,河流仿佛被塞进

了紧身衣中，变窄了许多。

　　许多地方的洗涤剂、柔顺剂、沐浴液、洗发水、卫生纸和冷却水未经过滤就被当成废水排入了河流。河水带着沿途不断汇集的废水与垃圾流入大海。远洋巨轮也会**向大海倾倒成吨的垃圾**。我们的海洋因此受到污染，微小的塑料微粒甚至会进入食物链。

　　为了获取**宝贵的矿藏资源**，人类开山凿岭，开采地上与地下的原材料。这些原材料在工厂中被加工成建筑材料和各类产品，在发电厂中释放出电力与热力。然而，这也产生了污染环境的有毒废弃物。

　　一望无际的原始森林被开垦成广阔的**单一种植土地**。为了增加食

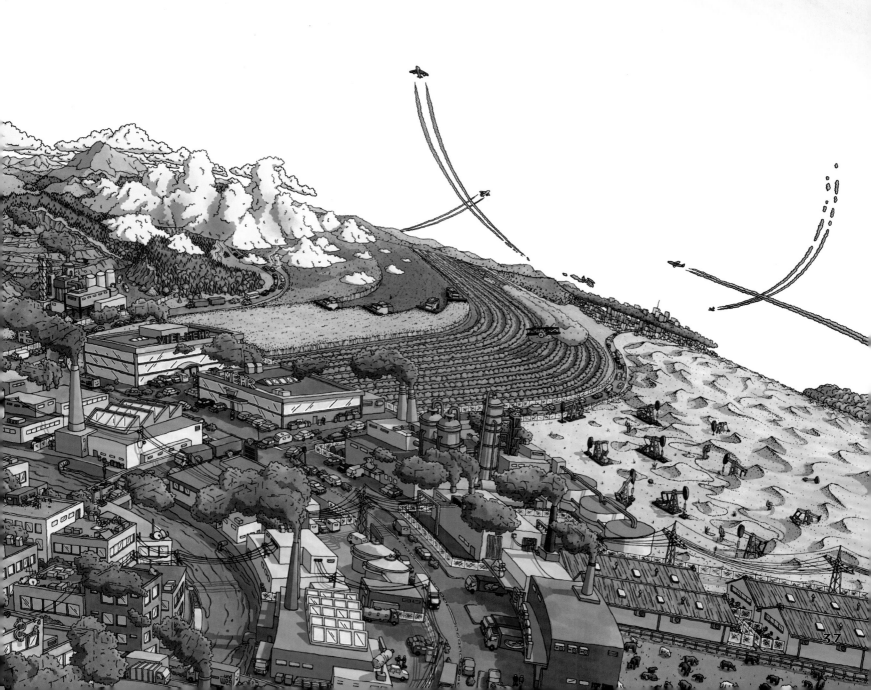

物产量，人们还给种子喷洒了**化肥**。为了满足对肉类的需求，**大规模养殖场**也得到了推广。食物在大型工厂中加工，然后经过长途运输分销。庞大的**捕鱼船队**使用巨大的渔网在资源几乎枯竭的海洋中捕捞。

　　汽车、船舶、飞机、工厂和建筑物排放的废气会使大气中的**二氧化碳（CO_2）浓度**增加，从而加剧温室效应。海洋正在酸化，同时一些陆地也面临着干旱威胁。许多人也因此失去了居住地，不得不背井离乡。

　　我们的家里又发生了什么变化呢？

毫无疑问，我们生活在一个"过度"的时代。废气、废水、砍伐和垃圾等问题在全球范围内造成了严重影响。想了解相关数据，请翻到第96页的法蒂玛知识库吧。

越来越多的家庭在冬天使用集中供暖，夏天则依赖空调降温。我们购物和远足都需要开车，假期会预定航班或邮轮出行，用过的卫生用品与过期的药品被冲进马桶。饮料用塑料瓶包装，水果和蔬菜则用塑料袋包装。坏掉的电器往往被扔掉，而不是修理。咖啡胶囊、酸奶杯和纸尿裤都被扔进垃圾桶里。

由于垃圾只进行了部分分类与回收，**垃圾场**里通常会在不知不觉中堆出巨大的垃圾山。

出发

我们要继续这样下去吗？
……还是设定方向？

天啊！我们面临着什么问题？许多问题显而易见，却似乎
没有多少人愿意去解决。

人类是倾向于遵循常规与传统，往往不愿意做出改变。对大家来说，改变习惯还是很有难度的。想要打破旧习，有时需要强大的外部刺激。

但只要我们拥有勇气、好奇心、知识、合作、想象力与激情，就能成功地做出改变。

让我们一起幻想……

想象在1盖亚分内可以改变些什么呢？也就是说，在60年内什么可以改变？

现在，有数百万人正在为美好而又令人兴奋的未来而努力奋斗。他们思考、探索、研究、实验、开发和尝试新事物。此时此刻，许多伟大的想法、发明和理念正在

地球上的某个地方等待着实现。同时，还有许多仍处在研究阶段的事物。

其中的许多新事物一定会在未来出现，它们会被人类接受，会将世界更好地连接起来。政治家和产业界也将推广这些新事物，当然，在推广之前，还必须进行试验！

和我一起登上奇妙的时光机，驶向充满无限想象的多彩未来吧！

第一步

那么，让我们开启这段旅程吧！

许多令人兴奋的想法已经被试验或实施。

你所在的地区，有哪些地方已经开展了相关活动呢？

你能为哪些活动提供支持呢？

有人说，我们在学校里学到的知识可以终身受益。那么，为了迎接未来的挑战，我们应该学习哪些内容呢？你们的学校是否也在教授这些内容呢？

这里有一个跨班级共同开展的项目。学生们几乎不用上那种要持续50分钟的课程，而是与老师和校外专家共同探讨一个课题。学生们

不断尝试，化挫折为机遇。每个周五的主题是"**幸福**"与"**未来**"，在这里，我们共同探究如何把握生活、享受生活。重要的是，幸福和富足并不是用金钱和财产来衡量的。

你家附近的公共空间分布是否合理？查看城市地图，就可以了解停车场和道路的占地面积。此外，你家那里有交通限行区吗？能不能把它们的区域扩大呢？**自行车道**和**超级街区**有助于减少私人交通，为新的出行方式创造宝贵的免费空间！

45

在这个黄金地段，一个空置的多层停车场正在转变成创意产业。不久之后，这里将不再停放汽车，而是成为众多创意工作室、小众品牌、升级改造的店铺、二手物品交易角的聚集地。此外，吸引人们流连忘返的免费小剧场和美丽的屋顶花园已经开始了修缮工作。

回收中心和修理店赋予有用的材料二次生命。无论是木材、塑料、金属、织物还是玻璃，所有的东西都可以在这里裁剪成你需要的尺寸。此外，你还可以在这修理坏掉的电器，这样不仅减少了垃圾，还降低了购物消费。

许多很好的想法往往很难独自实现。但是，你

超级街区把城市划分为许多小村庄？我们将在第84页详细介绍这个在西班牙应用的概念。

可以与我们合作，或加入我们致力于做有意义事情的团队。毕竟，50个人联合起来共同完成一个项目所能获得的成果，要比各自工作的500个专家或独行侠所获得的多得多。

那么，让我们一起启程吧！

让我们乘坐着想象的时光机，穿越到60年后的未来，看看这段旅程会把我们带向何方。

不会排废气的汽车？新的驱动方式是如何运行的？我们将在第83页详细解释这些问题。

60年后

强烈的阳光

　　太阳为地球提供光和热，让植物得以生长，让生命得以存在。数十亿年来，富含能量的太阳光不断照射到地球上，成为我们最原始的能量来源之一。

　　借助太阳的力量，种子发芽，植物生长，树木扎根。大自然为地球上的所有生物提供了生存空间和充足养分。这种通过光合作用形成的有机物质被称为**生物质**，而生物质能则是太阳能以化学能形式储存在生物质中的能量形式。

　　太阳还影响着我们的**气候**和水循环。一年中的不同时间或一天中的不同时段，照射到地球表面的阳光有多有少，导致地球受热不

均衡，天气也随之变化。暖空气上升并取代冷空气团，我们将这种空气流动称为风。此外，太阳辐射也会促使海洋和湖泊中的大量水分蒸发。

太阳能设备利用太阳光直接产生热量。例如，我们可以利用太阳能加热水为家庭供暖。在大型**太阳能发电厂**中，利用太阳能收集装置或反射镜将集聚起来的太阳光汇聚到各集光区，例如，发电机上的集光区被太阳光照射而温度上升，通过光热转换原理将太阳能转化为热能，加热闭合回路中的液体，热能通过涡轮发动机做功驱动发电机，从而产生电力。

利用**光伏技术**将太阳辐射直接转化为电能已有70多年的历史。在第78页的知识库中，我们将进一步了解这些神奇的过程。

你发现球形的"生柠檬"了吗？这些透明的"柠檬"通过玻璃球**折射光线**，将光线汇集到球体后面的微型光伏电池上。

风也随着太阳而来，有风就有风能。风能可能是最著名的可再生能源之一，**风力涡轮机**安装后可以持续运行数十年，几乎不需要维护。虽然风从四面八方吹来，但它们没有国界之分，而且是免费的。

神秘的玻璃球。我们在第79页介绍了它们是如何通过光折射产生电力的。

如何储存电力？
这方面的研究正在如火如荼地进行中，已经产生了大量新想法并取得了新进展，为储存电力提供了各种各样的方案。你可以在第82页了解更多关于这方面的内容。

看看你能找到多少种不同类型的风力涡轮机，它们使用发电机将当地的风转化为电力。

可再生能源的一大难题是：**储存**！你发现那些在农村地区使用的大型储能设备了吗？风力涡轮机产生的电能将水抽至上水库，使上水库水位升高。如果之后风力涡轮机产生的电力不足，水就会被释放至下水库中，驱动涡轮机运转，将势能又转化为电能。

每缕阳光都是送给地球的礼物。但这又是为什么呢？你可以浏览第79页的知识库来寻找答案！

流动的能量

没有水，任何生物都无法生存。人体的大部分也是由水构成的，世界上几乎没有一个产品的生产可以离开水。看看，距离我们现在仅过了1盖亚分（60年），水在能源获取方面变得有多么重要！

水是一种很好的从中获取能源的资源，因为我们可以利用涡轮机和发电机将水流动时产生的动能转化为电能。由于水的密度比空气大得多，因此涡轮机上会附着更多的水分子。**河流发电站**与**海水发电站**就是运用了这一原理。

抽水蓄能电站使用**势能**发电。它利用储水池较高的位置，需要电能时，让储水池中的水通过粗大的管道流向山谷中的涡轮机，将势能转变为电能。如果风能和太阳能发电厂产生的

这里有什么东西正在通向太空？太空旅行需要消耗大量能源。制造一个通往太空的电梯是不是一种备选方案？在不消耗大量能源的情况下，可以用一根长长的电缆将材料和人类送入太空轨道吗？听起来太疯狂啦！但太空组织已经在寻找实施这个项目的方法了。

你听说过动能和势能吗？你可以在第80页知识库中找到关于这方面的有趣知识。

电能超过所需，就可以利用多余电能将水再次抽回储水池。因此，抽水蓄能电站也被视为一块神奇的电池。

水为人类提供了多种获取能源的方式。太阳、风和洋流相互作用形成了海浪。在未来，各种**海浪发电站**会将海浪的能量转化为电能。在一些海湾，人们也会利用潮汐的涨落来发电。你能在图中找到大型的**潮汐发电站**吗？它利用大型涡轮机将潮汐海水的流动或潮汐海面的升降转化为电能。

在一些热带地区，以前钻取石油和天然气的石油平台上正在修建**海洋温差发电站**。它的原理是利用深层冷海水与浅层温海水的温差形成闭合回路，通过涡轮机来发电。从水中获得能源的奇特方法之一是**渗透压发电法**。

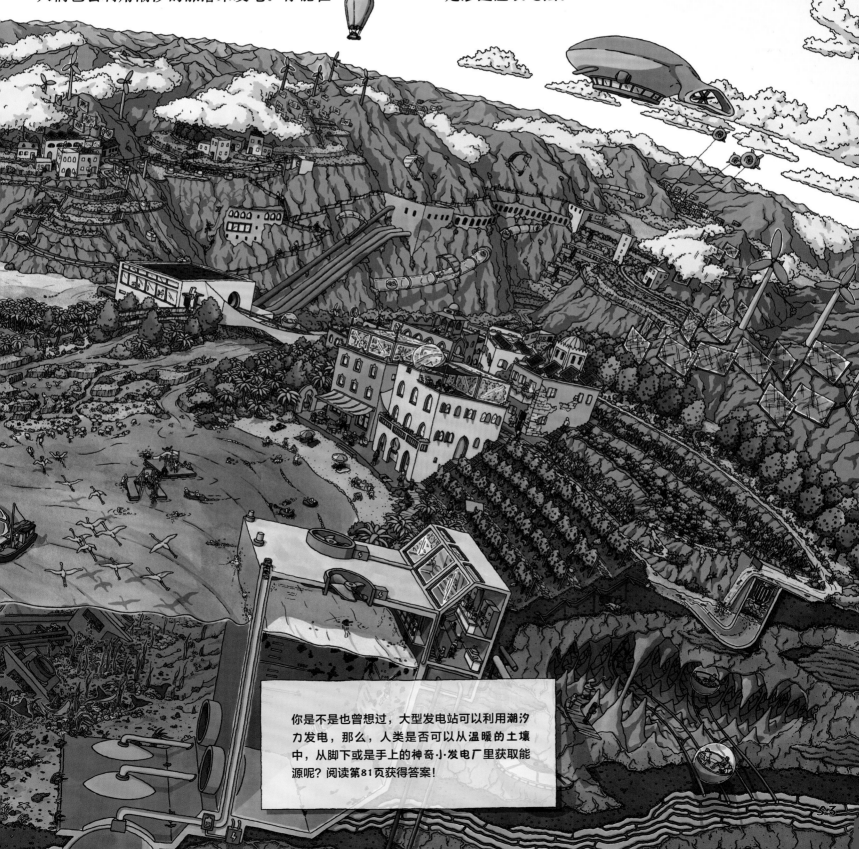

你是不是也曾想过，大型发电站可以利用潮汐力发电，那么，人类是否可以从温暖的土壤中，从脚下或是手上的神奇小·发电厂里获取能源呢？阅读第81页获得答案！

55

　　在河流的入海口，可以利用淡水与海水交汇渗透的化学反应来获得电能。

　　我们生活在一个蓝色的星球上，怎么会缺水呢？三分之二的地球表面都被水覆盖着，但几乎都是盐水！可饮用水对人类和动物来说都至关重要，但它的占比却不到百分之一。事实上，可饮用水甚至比石油还要稀缺。

　　水资源还是很紧缺的，对此我们有新的节水想法。有没有注意到那些**网眼很细的采集网**？它们可以过滤雾气和干燥空气中的水分子。这些水分子附着在网上形成水滴，然后滴入收集盒中。一滴一滴的水聚集起来，最终成为你喝的饮用水，并且足以让一些小型植物生长。

凭借太阳的力量，咸咸的海水可以转化为**珍贵的淡水**。你能找到干涸的盐水池吗？太阳让平静的盐水池表面升温，使水分子蒸发。上升的水蒸气遇到寒冷空气冷凝成水滴，然后降落至蓄水池中。多年来，盐水池后面的洼地便形成了一个淡水湖，现在，居民和游客可以在淡水湖里游泳和钓鱼了。

看！在干旱和少雨的地区，水是特别稀有和珍贵的宝物。因此，几千年前，人类就已经学会了节约水资源，并利用巧妙的运河系统为田地和村庄供水。

寻找新途径

　　好吧，能源问题似乎是可以解决的。但是在未来，人们的交通方式和货物的运输方式将如何发展呢？让我们看看未来运输业的变化。

　　在奇妙的未来，我们可以快速购买一张便宜的**交通卡**，这样就可以在国内乘坐所有的交通工具，不必再为停车位、交通拥堵和排放有毒废气而担心了。想象一下，不久之后，自动驾驶的**电动车**、**燃料电池车**和植物油燃料车将越来越普及，而且只有在真正需要的时候才会被租用。同时，大型物流公司也将其车辆替换为环保型车辆。因此，预计几年之内，道路交通的有毒气体排放量将几乎降至零。

同样，曾在世界各地海洋中纵横驰骋的45000艘商船也将很快改用环保型发动机。如今，大型货船使用氢气发动机，并加装**弗莱特纳转子**[1]或大型**风帆**，借助远程航线上源源不断的高空风推动船舶前进。在陆地上，越来越多的货物通过铁路网进行运输。人们也倾向于选择**火车**作为探亲出行的方式。此外，**城市缆车**也成为我们出行的一种新选择。

1　弗莱特纳转子，也被称为转筒帆，是一种利用风力推进的现代帆船设计。这种帆船由德国工程师安东·弗莱特纳发明。——编者注

旅行是一件美好且有教益的事情。通过了解一个陌生的国家和当地的风土人情，我们可以拓宽视野，将偏见转化为理解。然而，随着污染环境的煤油被征税，前往度假岛的航班价格可能会迅速上涨。现在，许多商务旅行已经直接用视频会议代替。此外，香蕉和牛油果等热带水果的运输成本也越来越高，导致人们开始在温室里种植这些水果。

这里的发展在1盖亚分（60年）后仍在继续，许多地方的交通网已经完全转移到地下。被人类抢夺的土地再次归还给动物和植物。

有没有看到那个巨大的挖掘机？它直接对原来的道路材料进行加工，不断扩大**地下隧道系统**。密

"斯科提，把我传送上去！" [1]
星际旅行的梦想有朝一日能否成为现实？
我们会在第85页介绍一些观点。

1 斯科提，美国电视剧《星际旅行》
的角色。——编者注

在真空管道中旅行？
听起来很疯狂！阅读第84页了解一下
这个已经存在了200年的想法。

封的真空管道仅铺设在地下几米处。磁脉冲将舒适的、人机交互式的乘客座舱从A处运送到B处。

但是你看，未来还是有汽车的身影！……的确，未来仍会有一些热爱驾驶的人。在"**法蒂玛的复古赛车俱乐部**"里，会员们每周都可以驾驶优雅的老爷车或时尚的跑车在赛道上驰骋几圈。

乘云踏浪
你可以在第85页找到有关未来航运与空运的设想。

穿过城市

瞧！

我们的时光机降落在一座未来之城。这座城市不再被汽车所主宰，
而是重新回归到生活在这里的人们手中。

　　四车道公路和宽阔的十字路口已经变成了一片绿草地，流淌
着清澈的溪流。小路在树林和灌木丛间蜿蜒曲折，穿过一座座小
桥，经过一排排漂亮的房子。种在房子旁和房顶上的水果已经成熟
了，蔬菜青翠欲滴，香草芳香扑鼻，它们都在等待着人们的采摘。

日常所需的一切都近在咫尺，交通十分便利。无论是家、公司、学校、工作室、咖啡厅、餐厅、商店，还是二手物品交换会，这些生活所需的一切都能在附近找到。如果你想前往邻近城市看望朋友，只需预定一个Goia球（详见第84页）即可轻松实现。

商店在凌晨送货，之后的城市就属于居民了。大件商品由共享货运自行车运送完成。

公共交通隐藏在地下。大量**自行车道**为各种出行方式提供了空间。过去停放汽车的地方，如今树木在这里生根发芽。灰色的十字路口变成了蓝色的池塘。双车道变成了自行车道和公园长椅。

垂直农业能够支撑整座城市的粮食需求吗？我们会在第81页对此进行深入探讨。

城市居民和客人们可以在这片**绿地上**尽情流连。滚珠轨道如同一条蜿蜒的丝带，穿过树梢和草坪，然后悄无声息地消失在地下。这里的空气清新宜人，人们可以再次听到溪水泠泠（líng）、树叶沙沙，还有鸟儿的叽叽喳喳声。

想仔细观察Goia球吗？快翻到第84页吧！

63

可循环生活

你能想象未来城市里的房子是什么样的吗？让我们一起憧憬一下未来的家园。

以前，一栋房子里住着20户人家，这意味着有20个厨房、20台冰箱和20个冰柜。在这20个客厅里，有20台电视和20多个书架（仅《长袜子皮皮》就有13本）。地下还有20多个车库，停放着18辆汽车和5辆摩托车。每个人都在自己舒适的公寓里消磨大部分空闲时间，与邻居们通常只是匆匆打个照面。

现在，城市里的房子经过大规模改造，内部**隔断**效果极佳，还增设了一个种植热带植物的大温室。明亮的顶层设置了带有独立阳台的小型**私人起居室**，人们可以在这里尽情休息。

顶层下面的空间被规划成了许多**公共区域**。这里有图书馆、舒适的休息区、工作室、实验室、办公室和休闲室。楼内居民在这些地方畅玩、工作、交换物品、修理东西、制作手工、进行研究和绘画，还能获得知识。此外，这里还有一个大厨房让大家一起烹饪，共享冰箱和冰柜等电器可以节省大量能源。

在未来，城市中的房子能够自行产生必要的电力。光伏设备将为电器供电，屋顶上的风力涡轮机可为**温室内循环系统**和综合养鱼场提供电力。如果白天的发电量超出使用需求，多余的电力可以储存起来，以备晚上无风时使用。你发现旧烟囱已经被改装成电池了吗？

雨水经过收集、过滤和处理后，不仅能够补充室内的饮用水和生活用水，还可以灌溉花坛。我们吃的生菜、西红柿、香蕉、葡萄、香草和蘑菇，都是在以前的停车场和屋顶上种植的。

尽管在未来，我们可能无法完全避免吃剩的食

树是一种神奇的生命体！在第88—89页，一棵大树向我们讲述了它神秘且特殊的两项任务：光合作用和碳循环。

每天，全世界都在研究、发现和发明新材料，其中有些材料十分惊人。请阅读第86页，一同领略这个精彩纷呈的世界。

物和包装袋的产生，但最终它们都将进入**房子内部的回收系统**。你能找到那两台分解垃圾的激光器吗？

一些元素和分子在菜地里作为肥料被自动回收利用，而另一些则进入地窖的回收罐。看到图

中工作室里的3D打印机了吗？它可以直接获取所需的材料。这就意味着有价值的元素不会被丢弃到垃圾场或是大自然中，而是在原地循环利用，并形成一个**新的循环**。

从摇篮到摇篮？
这到底是什么意思？
翻到第86页详细了解吧。

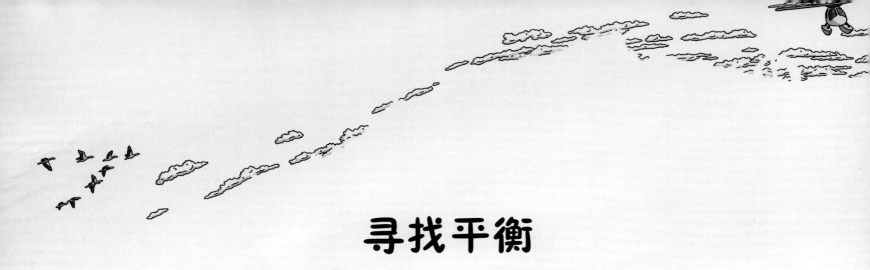

寻找平衡

　　在1盖亚分（60年）后的未来，来自世界各地的代表们每年都会在这里齐聚一堂，共同致力于维护世界的平衡。每年举行的世界大会的议题源于各国孩子们的想法，因为他们向地球上的所有政治家呼吁："你们不是从父母那里继承世界，而是从子孙那里借来世界。"他们借此表达了对平衡的担忧。

　　在这个世界上，**许多重要的东西都是没有国界的**。风、水和天气不属于任何一个国家，动物也不需要护照。每年举行的世界大会为人们提供了一个相互倾听、相互理解的平台。我们以尊重的态度进行讨论，以解决问题为导向进行谈判，共同努

力建立**新基础**，实施跨时代的措施。

在世界各地区，每次派出的代表团由8人组成，其中包括4名女性与4名男性，他们当选为现在的**四方议会**成员，负责各自的专业领域。这四个不同的议会都有专家就不同议题进行谈判。这些会议在一个海星形状的会议中心举行，会议分设在海星的四个腕中。

政治议会负责土地和运输事务，以及法律和安全问题。
经济议会负责消费和生产，以及贸易和货币政策。

文化议会负责教育、科学、媒体与艺术领域。**基本价值观议会**专注于自然、平衡和伦理。

每年，世界大会都会由一个为实现平衡做出特别努力的地区举办。此次会议在塔希提岛举办。这个小群岛的居民与大自然长期和谐共处，有一半以上的岛屿仍未受到人类活动的侵扰。大家都不允许干扰这些动物和植物的栖息地。这里的人们早已认识到平衡的重要性，只有**取舍有度**才能实现良好的共存。

单一种植和过度施肥都是可以避免的！永续农业可以彻底改变农业。我们会在第89页进行更详细的解释。

谁的生态足迹[1]最小？世界大会的旅程已经演变成一场激动人心的比赛。

1 生态足迹，也称"生态占有"，即维持一个人、地区、国家生存所需的及容纳人类所排放的废物的、具有生物生产力的地域面积。——编者注

举办会议的同时，一个令人兴奋的创意市场也在等待着与会者，这里会展示来自世界各地的发明、技术和研究成果。人们可以在这里获得有关获取能源、材料研究或运输系统的新消息，找到对话伙伴和合作伙伴。

世界大会结束时，各大洲的儿童评审团将选出下一届会议地点。难道你不想参与其中吗？

在一年一度的世界大会帮助下，许多事物一定会重新找回平衡。

看，人与自然之间的关系就像走钢丝一样，持续保持平衡是至关重要的。

我们可以控制税收。大部分人都愿意缴纳合理的税费。你可以在第87页找到一些关于这方面的想法。

71

我们的时光机再次回到了这里。

就在此刻

我们坐在时光机里，俯瞰着我们的地球。这颗肥沃的星球被一层稀薄的大气层保护着。我们熟知的生命依靠着地球上的水资源和充足的太阳能，经过数十亿年的孕育才得以诞生。

相比之下，人类的发展只是短暂一瞬。然而，在这一瞬间里，人类创造了工具、语言和文字。我们开始定居下来，培育植物，饲养动物，建造房屋、村庄和城市。我们不再需要每天为了生存而奔波劳碌，因此有了时间去探索、学习和研究。我们学习数学、物理和化学，发展贸易和互联网，制造机器、汽车、飞机和卫星。

今天，许多决策不仅会对我们的村庄、城市和国家产生影响，还会影响整个世界。这是有史以来第一次，我们要为未来几个世纪甚至上千年可能会产生的后果负责。

我们有机会与世界各地的专家建立联系、交流想法并探讨新可能。今天，我们拥有数千个令人振奋的未来构想，它们等待着我们去付诸实践。

也许在不久的将来，地球人口会增加到100亿甚至120亿。也许在某个时刻，一个人来自哪里、什么肤色、说着什么语言都不再重要。也许在不久之后，每个人都享受着干净的饮用水、充足的食物、医疗保险和住房，拥有平等的机会、教育、安全和自由。也许有一天，社会共同繁荣比个人富裕更加重要。也许有一天，国界变得无关紧要，士兵们只有在发生灾难时才会提供紧急援助。最终，我们会以负责任的态度对待地球上的有限资源。也许我们将重新找到与自然之间的平衡，因为我们意识到地球是浩瀚宇宙中的一座岛屿，而这座岛屿上的资源是有限的。

我们必须珍惜并保护这座奇妙的岛屿——地球，才能让我们的后代继续生活在这里。

无论我们人类在这个星球上做了什么，无论这个星球上是否还有人类存在，它都将继续绕着太阳旋转数十亿年。

如果我们想继续生存下去，就必须善待地球。

我们可以做到这一点。

我们必须这样想，我们必须这样做！

我们所有人。

我们每一个人！

欢迎来到法蒂玛的知识库

知识是唯一一种通过使用会不断增长的原材料。

接下来的几页会介绍一些知识和发明。你可以在这里了解一些事物的运作原理或工作方式。其中有些仍处于试验阶段，有些则是创意和冲动，等待着人们去接受、发展和实现。因为创意是未来的资本。

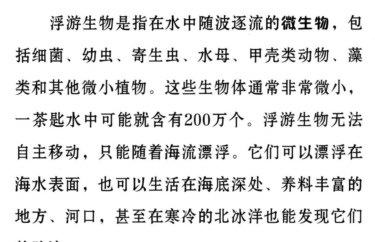

浮游生物

浮游生物是指在水中随波逐流的**微生物**，包括细菌、幼虫、寄生虫、水母、甲壳类动物、藻类和其他微小植物。这些生物体通常非常微小，一茶匙水中可能就含有200万个。浮游生物无法自主移动，只能随着海流漂浮。它们可以漂浮在海水表面，也可以生活在海底深处、养料丰富的地方、河口，甚至在寒冷的北冰洋也能发现它们的踪迹。

浮游生物是海洋**生态系统的基础**，占海洋生物量的98%，是鱼类和其他海洋生物的**食物来源**。即使是巨大的蓝鲸也需要以大量的浮游生物为食。没有浮游生物的存在，鱼类可能就无法生存，我们的海洋也将变得空空荡荡。

你知道吗？

浮游植物被称为海洋之树。它们能够生产地球大气中50%~80%的氧气，还能够储存大量的二氧化碳。

有机物质

泥炭

褐煤

硬煤

化石燃料

生物质在死亡后被土层覆盖，由于氧气无法进入，就会发生其他分解过程。死亡的浮游生物在海底沉积形成淤泥，而沉入沼泽的部分则转化为泥炭。在几千年甚至几百万年的时间里，越来越多的沉积物和岩石层堆积在淤泥与泥炭之上，不断增加的**压力**和上升的**地热能**压实了有机物质。经过数百万年的时间，死去的浮游生物和动植物最终转化为固态、液态和气态的**碳氢化合物**，这些碳氢化合物储存了大量的**化学能**。

自1859年起，原油的开采规模逐渐扩大。如今，我们的**原油**和**天然气**都是从4000~6000米的深海中抽取出来的。此外，**褐煤**和**硬煤**也是在大型开采区中挖掘出来的。为了获取给核电站提供动力的稀有金属**铀**，我们甚至需要挖出一条深深的隧道。

这些化石燃料通过燃烧释放出储存的能量，为燃煤炉、蒸汽机、船桨、汽车发动机、发电站和核反应堆提供动力。这些材料在燃烧过程中产生能量，驱动机器或发电。然而，在燃烧过程中也会产生大量废气，如二氧化碳和一氧化碳，虽然我们有过滤系统，但仍然有**大量的废气**被排放到大气中。

你知道吗？

大约23吨的史前浮游生物（相当于一个小型象群的重量）经过近一亿年才能形成一升石油。

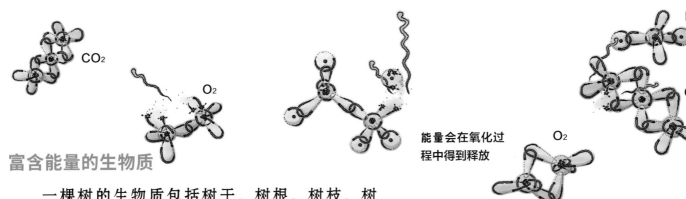

CO₂

O₂

能量会在氧化过
程中得到释放

H₂O

CO₂

O₂

富含能量的生物质

一棵树的生物质包括树干、树根、树枝、树叶和果实，而地球上的全部生物质则包括人类、动物、植物、真菌和细菌。

植物通过**光合作用**将阳光中的能量转化为生物质和氧气，以支持自身的生长。我们将在**第88页**详细介绍光合作用的过程。在这个过程中，太阳的能量被储存在分子化合物中，而氧气则作为"副产物"被释放到环境中。随着化合物的不断形成，生物质中储存的**化学能**也会逐渐增加。

如果点燃干燥的木柴，其中储存的化学能就会以光和热的形式释放出来。你扇过篝火吗？燃烧的木柴中含有无数富含能量的碳氢化合物链，如果向柴火中加入足够的氧气，就会促进**燃烧**，生物质中的化合物便会分离。CO_2、H_2O和其他气体会变成烟雾升上天空，而厚厚的木柴最终只会剩下灰烬。

实际上，**腐烂**和**分解**是一种缓慢的燃烧过程。氧气与有机物结合时，有机物会分解成生物质化合物，以热量的形式缓慢释放出储存的能量，同时向大气释放二氧化碳和甲烷等气体。

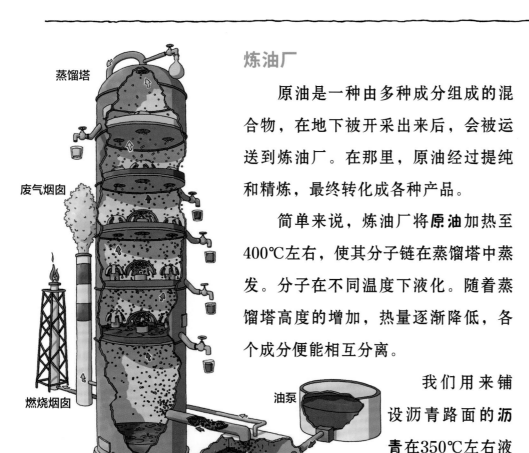

蒸馏塔

废气烟囱

燃烧烟囱

油泵

燃烧器

原油罐

炼油厂

原油是一种由多种成分组成的混合物，在地下被开采出来后，会被运送到炼油厂。在那里，原油经过提纯和精炼，最终转化成各种产品。

简单来说，炼油厂将**原油**加热至400℃左右，使其分子链在蒸馏塔中蒸发。分子在不同温度下液化。随着蒸馏塔高度的增加，热量逐渐降低，各个成分便能相互分离。

我们用来铺设沥青路面的**沥青**在350℃左右液化。每桶原油中约有11%被蒸馏成**重油**，重油为大型船舶提供动力。

约21%的原油被转化成**柴油**，而只有约4%的原油被转化成**煤油**。在大约150℃的温度下，约有三分之一的原油会液化成**汽油**。而在20℃时，仅有3%的原油仍是气态，主要用于**塑料生产**。值得注意的是，每桶原油中约有四分之一会因泄露和事故而**损失**掉。

你知道吗？

一桶原油含有近1700千瓦时的化学能，这相当于17个辛勤的工人工作一整年才能获得的能量。

内燃机

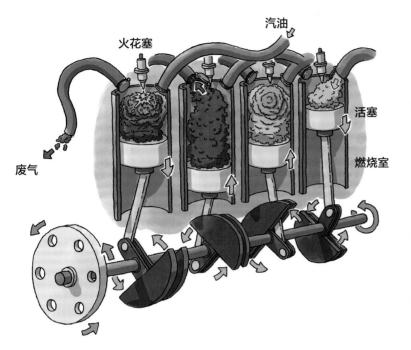

火花塞

汽油

废气

活塞

燃烧室

内燃机被认为是过去150年中最具突破性的发明之一。它将化学储存的能量转化为机械功。发动机启动时，**汽油和燃气的混合物**会流入燃烧室。火花塞产生火花，由于混合物的膨胀，产生足够的力量推动活塞向下运动。活塞到达底部后，再次利用其推动力向上运动。活塞的运动传递到轮轴，使轮胎或螺旋桨推动器转动。燃烧室中的燃烧残留物被压出第二个阀门，以**废气**的形式通过排气管离开汽车。

冒烟的热电站烟囱

热电站利用化学储存的能量获得电能。通过燃烧石油、天然气或煤炭来加热装满水的锅炉，使水蒸发成水蒸气并在密闭的系统中开始循环。锅炉中的压力升高时，热的水蒸气会强行通过蒸汽涡轮机，从而带动涡轮机运转并驱动发电机产生**电力**。水分子在通过涡轮机后会继续飞向冷凝器，在冷凝器中，仍然温热的水分子进一步冷却并重新变成液态，然后再次开始循环。

烟囱

蒸汽涡轮发动机

发电机

燃料供给

锅炉燃烧室

冷凝器

电流

只要打开电灯，电流就会流动。

在电压的作用下，电线中的无数微小电子开始流动，并与周围飞来飞去的电子发生碰撞，之后又会反弹到下一个电子上。

如果此时流动的电子到达一个极窄的点，就会因为电阻的作用产生巨大的能量，使金属丝开始发光，灯泡就亮了起来。拔下插头或关闭开关时，电子停止流动，灯泡也就熄灭了。

电线通常使用铜等金属作为导线的材料。

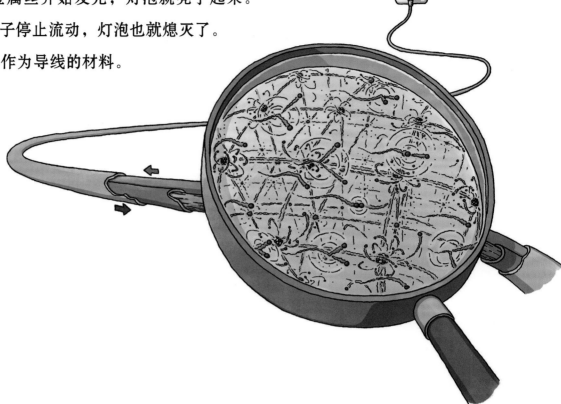

光伏

光伏电池通常由多个层叠的材料组成。**阳光**照射在深色的电池板表面时，**电子**从原子中释放出来，并向上移动到导带网格中。导带通过电线与光伏电池的背面相连。这样一来，单个电子就可以移动到太阳能电池板的背面，并通过中性膜返回上层，从而填补了原子先前失去电子的空间。例如，灯泡或电池现在与这股电流相连，就可以将太阳能转化为电能。

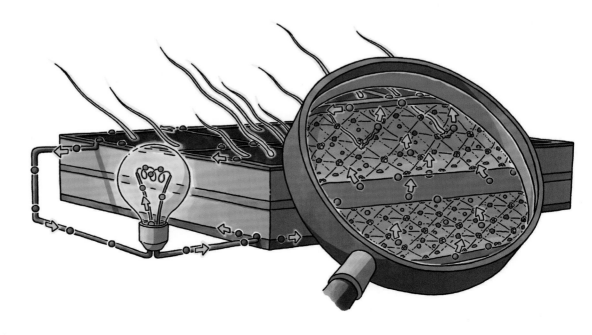

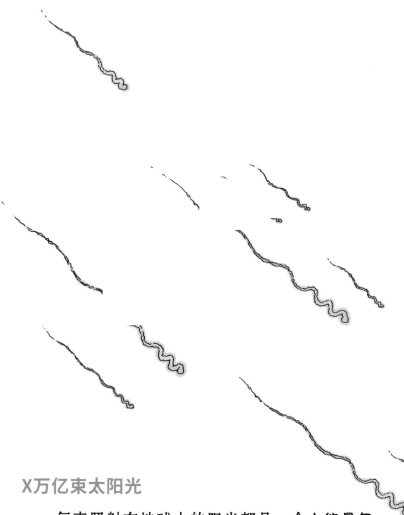

魔法般的光折射

一些看不见的自然规律有时会在我们的眼前显现出来。你一定观察过刚刚下完雨的景象吧，阳光照射在无数颗水滴上，入射光在水滴中发生折射，分成不同的波长，我们的眼睛就能感知到不同的颜色。这时，你就可以欣赏到**彩虹**五彩斑斓的美景。

几年前，有一位德国科学家在巴塞罗那担任建筑师，或许是受到光折射现象的启发，他在发明中就利用这一点，让阳光照射到一个装满水的玻璃球上。光子照射在透明球体的不同位置时，它们会被球体的神奇形状聚集到一个**焦点**上。这个焦点通常位于球体后面几毫米或几厘米处。由于一天中的太阳光入射角不断变化，焦点也会随之移动，**可移动的小型光伏电池**就会不断调整自己的位置。

这样就可以节省大型光伏设备的宝贵资源。在建筑中也可以更多地利用透明玻璃球，将照明和发电结合起来。即使是月光也可以集中起来为床头灯供电。

X万亿束太阳光

每束照射在地球上的阳光都是一个**小能量包**。科学家们将这些能量包称为**光子**。每秒都有无数个光子撒落在我们的星球上。那些没有被云层和冰面反射回太空的光子都会抵达地球，并迅速转化为热量。一部分光子使大气升温，而另一部分则会使海洋变暖。气团和水团因此开始运动，产生了风和各种天气现象。大部分光子到达地球表面后，会以热量的形式储存在土壤和海洋中。热量促使原子和分子蒸发，推动水循环和碳循环。

植物、动物和人类利用部分能量包，将营养物质转化为生长物质。所有生物都将太阳的能量储存在其分子化合物中。这种化学储能使木材及原油得以燃烧。因此，原油实际上是几亿年前太阳光照射地球的结果。太阳几乎为万物提供了"燃料"。

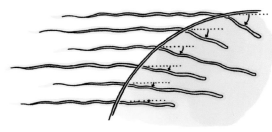

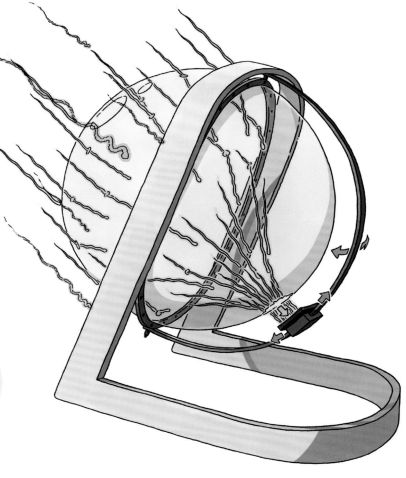

势能和动能

能量不仅存在于阳光之中。还存在于自然界的许多其他形式中。在自然界中，我们最常见的两种能量形式是**势能**和**动能**。

例如，一个位于山顶的球体就蕴藏着势能，水库中的水有势能，你在雪山上坐雪橇时也同样拥有势能。物体的重量越大，位置越高，其储存的势能就越大。地球引力让物体下落，其**储存的能量**将以动能的形式释放出来，进而转化为热和光。

分子运动中所包含的能量也被称为动能。河流和风中存在动能，自行车的运动和旋转木马的转动中同样存在动能。物体越大、越重，移动或转动得越快，它所包含的动能就越大。水车和风力涡轮机通过发电机将水或空气中的动能转化为电能。

潮汐力

与太阳和地球一样，月球也有自己的引力。月球绕着地球转动时，会吸引地球表面的水。但我们人类几乎感受不到它的引力。液态水分子会受到**月球引力**的作用而移动，我们就可以看到海水上涨。此外，地球自转也会产生**离心力**，像旋转木马一样。在地球远离月球的一侧，离心力比月球的引力更大。在这种离心力的作用下，每天会出现两次潮涨潮落。因此，随着**潮汐涨落**，各大洋中的海水约每6个小时就会在海岸上涨落一次。在海湾或海峡的潮汐发电站，可以将涨或落的海水转化为电能。

月球的引力

地球自转的离心力

地热

地球上的土地受到阳光的照射升温，同时也受到地核的加热。

热泵可以从被太阳加热的地面或地下水中提取热能，这些热能经过转换后可用于供暖和提供热水。在某些地方，地热能还可以用于发电。地壳深处蕴藏的丰富热能，这些热能来自炙热的地核。在**地热发电厂**中，钻孔深入地下400~1000多米，将水加热产生水蒸气，以驱动涡轮机和发电机。

神奇的小型发电厂

除了传统的发电方式以外，还有一些特殊的发电方式可以在需要少量电力时使用。

其中一种就是"**能量收集**"，也就是收集环境中的能量来产生电力。现在，小型移动设备和手表已经可以通过阳光或自身的运动来供电。

未来，我们甚至可以将**压电晶体**安装在人流密集的道路或台阶上。在晶体的帮助下，身体重量对地面施加的压力将转化为电能，从而为路灯等提供电力。

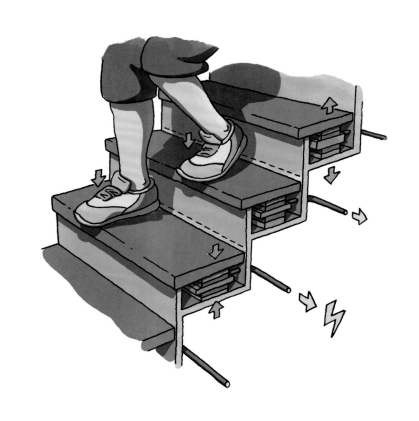

垂直农业

随着城市人口不断增长，城市的使用空间变得越来越有限。因此，除了**城市园林**、**绿色外墙**和**屋顶玻璃房**之外，我们还需要其他解决方案。"垂直农业"就是其中之一。这是一种特殊的城市农业形式。废弃的高层可以被重新利用，在所有楼层全年种植水果和蔬菜，并与养鱼池结合起来，形成营养供给闭环，就无需大量肥料添加剂。同时，食用菌也可以在无车城市废弃的地下停车场中种植。这样就可以实现无交通采摘。此外，城市废水可以经过生物净化后用于灌溉，**有机废物**可以通过**堆肥**处理变成肥料，也可以通过**沼气发生设备**发电。绿地、植物和树木还有助于平衡城市的气候变化。

能量储备

我们移动时，数以亿计的电池为我们提供电力。目前，锂离子电池和贵重原材料制成的铝电池是移动能源市场的主流。

上千名科学家和工程师已经在紧锣密鼓地研究新的环保解决方案。**藻类电池、盐电池**，甚至是**玻璃电池**或**糖电池**，都有可能很快进入我们的用电设备中。

然而，最关键的问题是，当前风力发电厂及太阳能和光伏发电产生的电力必须以环保的方式大规模储存起来。因为这些电力并不是在需要的时候就会产生，而是只有在有阳光或有风的时候才能发电。

目前，世界各地的**抽水蓄能电站**已经开始采用势能储存技术。除了利用水储能之外，多余的电力还可以用来提高其他重物，在有需要时将其降低。例如，利用多余的电力可以将一块巨大的花岗岩组成一座人造山，需要发电时，这座人造山的巨大重量会将水压下去，从而驱动涡轮机发电。

有时，太阳能、风能或水能产生的能量会超过消耗量，人们利用多余的电能，从流动的水中获取氢分子和氧分子。产生的**氢气**会被储存在罐中，以便在需要时通过**燃料电池**将其转化为电能。

压缩空气储能技术也是一种环保的解决方案。顾名思义，就是利用多余的电能，将空气加压到一个封闭的空间中。小型或大型压缩空气室充满空气时，阀门就会关闭，需要电力时，阀门会再次打开。超压的空气会像气球漏气一样，从而驱动涡轮机和发电机。

在海底深处，**压力储能技术**同样可以发挥作用。在海底抽空大型容器，只要按下按钮，因高压而流入的水就能驱动涡轮机。

除了**高温储能、环墙储能、盐湖储能、氧化还原液流电池、氢储能和智能电网**等技术外，让我们来看看，未来还有哪些伟大的技术？

在探讨各种以环保方式获取和储存能源的方法的同时，我们也必须深入思考人类对电能的实际需求。哪些电器是真正必要的？它们需要在什么时候使用？它们的使用频率是多少？它们真的需要一直待机吗？

最简单的解决方案之一依然是：节约能源。

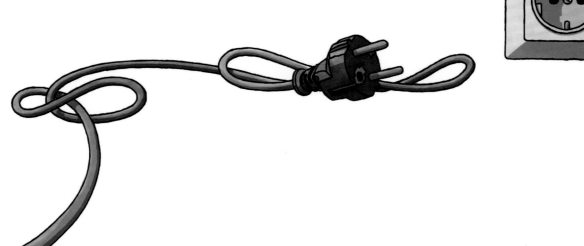

不排放废气的汽车

电动车不会产生任何废气，因为它们靠电力驱动。电动车的电池可以在插座上充电。氢气汽车则需要一个气罐。不过，生产氢气仍然需要消耗电能，即把氢气从水（H_2O）中分离出来。将氢气注入储气罐后，通过燃料电池将其转换为电能，为发动机提供动力。

由于这两种驱动方式都需要大量电能来驱动，因此由可再生能源产生的电力变得尤为重要。

电力驱动：

适用于轻型车或短距离行驶，比如在城市中行驶。

补充信息：

遗憾的是，电池的寿命相对较短，因此回收利用电池就显得尤为重要！如果电池没有得到妥善处理，电池中的锂和其他稀土金属等宝贵的原材料就会被扔进垃圾桶。

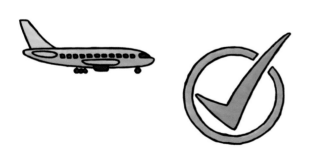

氢燃料电池&氢动力汽车：

长途旅行携带巨大而沉重的电池是不方便的！对于载重、长途或在高海拔地区行驶的汽车，随车携带氢气罐是更明智的选择。

补充信息：

因为氢气容易挥发，所以安全储存氢气曾是一项重大挑战。如今这个问题已经得到了解决。这标志着一个良好的开始。未来，还会有更好的运输气体的方式出现。

超级街区（Superblocks）

超级街区是指居民可以步行到达一切所需场所的社区。因为几乎没有车辆通行，所以这里的安全系数也相当高。这种**改变交通方式**的简单解决方案已经在巴塞罗那等城市实施。超级街区由位于重要交通枢纽之间的几个住宅区组成。在街区内，街道被改造成单行道，路口采用单向放行。但不用担心，急救车和送货车仍然可以直接开到家门口。出行的公交车站仅几步之遥，公共空间中不再有停放的汽车，而是绿树成荫，到处都是免费的休息区。

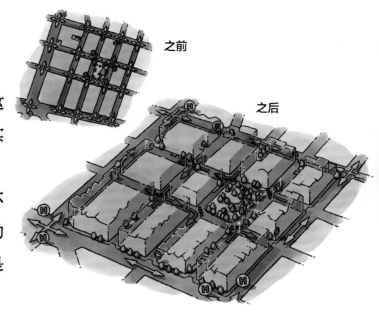

之前

之后

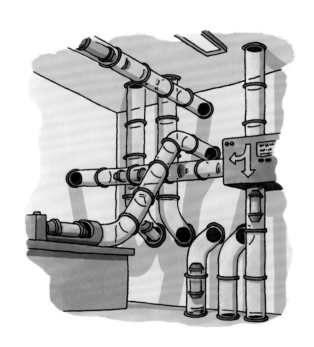

真空管道系统

实际上，**管道旅行的设想**已经有200多年了。目前，这种系统主要应用于银行和医院，用于快速将纸币或药品送达多个楼层。填充好的塑料胶囊会在管道中喷射空气，以确保它们停在正确的位置上。**法蒂玛的Goia管道系统**采用了类似的运作方式，唯一的区别在于管道内是真空的，这意味着没有空气也就不会减慢我们的移送速度。神奇的磁力定律可以作为驱动力，使我们在不耗费大量能源的情况下达到每小时1200千米的速度。

法蒂玛的Goia球

在我们的想象中，交通工具不一定要有两个、三个或四个轮子，而是可以有完全不同的形状。

法蒂玛的Goia球运行原理类似沿着不同轨道滚动的弹珠。重力使弹珠向下滚动，从而产生了在平整路面运动的推动力。必要时，轻微的磁脉冲会推动弹珠，让它到达所预设的位置。

Goia球在曾经的主要交通路口滚入洞中，冲破两道激光屏障。这些激光屏障的作用是确保地下管道系统保持真空状态。Goia球在磁脉冲的作用下加速，穿过长长的管道，最终再次回到地面，抵达目的地。

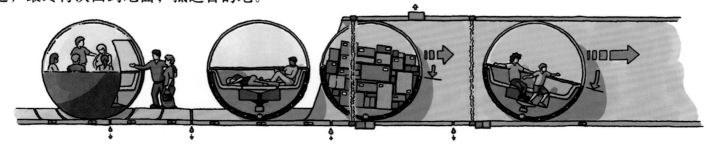

乘云踏浪

每天，数百万个集装箱在各大洋中穿梭。燃烧重油的货轮将货物运往世界各地，除了排放大量二氧化碳以外，还排放大量二氧化硫和烟尘。

顺便一提，一艘邮轮所需的电力相当于一座拥有2万居民的城市，而这些电力是在航行途中通过燃烧重油产生的。

近几十年来，航空运输量也有了惊人的增长，尽管采用了最新技术，每次飞行的煤油消耗量有所下降，但燃料总需求却大幅增加。因此，飞行仍是最耗能的交通方式。

那么，我们应该做些什么呢？全球都在致力于航运和航空领域的创新。例如，安装适合航线上持续风力的风帆和弗莱特纳转子，设计符合空气动力学的船型和减少阻力的船身箔片。在海上和空中无风的时候，我们可以使用**环保型发动机**，例如，带压缩空气储存装置的电动机、带氢气罐的燃料电池或是植物油发动机。离子驱动和等离子发动机可能成为未来航空航天工业的选择。

远距传送

据称，科学家们已经成功实现了光束的远距传送。未来会不会实现物质的远距传送，穿越时空实现更大分子系统的传送呢？有没有可能将一个生命体溶解成各部分，然后在另一个地方以相同的结构重新创造出来？我们目前对此知之甚少。同样，我们对生命构成的了解也有限。即使我们成功地将一个人进行远距传送，到达另一个地方的又会是谁呢？仅仅是他的原子、分子、骨骼、肌肉、皮肤和毛发吗？他的灵魂、气息、记忆、性格和意识是否也会随之传送呢？

或许几个世纪之后，我们才会开始讨论远距传送作为可持续移动的解决方案。

从摇篮到摇篮

"未雨绸缪"是从摇篮到摇篮的理念，即**从生物和技术两个方面考虑闭合循环**。也就是说，在产品生产过程中不会产生垃圾。所有产品都可以重复使用、堆肥或回收，使用过后可以归还、分解和再利用。整个过程都不会产生有害废物。无论是食品、服装、家具、玩具、化妆品、包装，还是建筑物和基础设施，都可以不断循环利用。

神奇的材料

仿生学是一门融合生物学与技术的跨学科领域。它借鉴自然界生物体的结构和功能，创造性地将其转化为应用技术。为此，生物学家与工程师、建筑师、物理学家、化学家、材料研究人员紧密合作。屋顶建筑的设计灵感来源于水芙蓉的生长结构，光伏面板则受到沙漠蜥蜴皮肤的启发，而机翼的形状源于叶子。科学家们还在开发环保型生物塑料。从真菌和细菌中提取的具有弹性和稳固性的结构材料可以用作建筑业的替代品、燃料电池的超薄涂层，以及新型汽车技术的超轻碳纤维，还能制作一些"疯狂"的东西，如超大型磁铁和电子墨水。

目前，**纳米科学家**正在致力于改变单个分子及其表面结构。他们的目标是为服装和建筑发明防水材

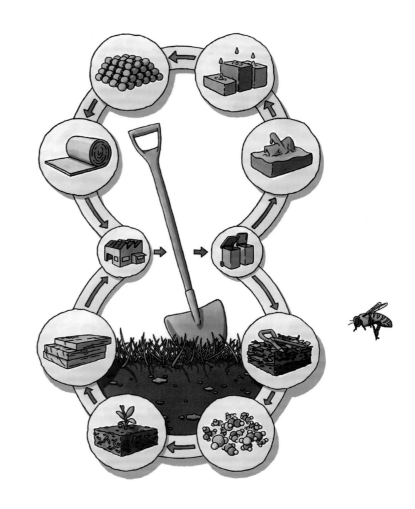

料，同时为太阳能电池和量子计算机设计新的晶体结构。

分子生物学家正在通过解码基因组来开启科学新篇章的大门。目前，他们已经能够修改部分DNA，并将其中所有编码的蛋白质收集到一个数据库中，以期在医学界引发一场变革。

原子物理学家和量子物理学家给我们带来了超出想象的惊喜：夸克、希格斯粒子、弦、中微子、暗物质，等等。

还有很多东西等待着我们去发现。

合理的税收

　　税收可以引导方向，补贴可以作为指引。如果我们想要减少二氧化碳的排放量，征收**二氧化碳税**可以提高化石燃料的成本，从而减少燃烧，并且人们也会很快找到替代品，进一步减少二氧化碳的排放。通过征收这些税款，我们可以为那些因新税制而面临生计威胁的人提供帮助。我们可以**支持地区小·农和可持续农业**，而不是补贴单一种植和大规模饲养。同时，我们可以在经济上奖励那些**节约使用资源**的人，并对那些浪费资源的人征税，这样可以减轻劳动人民的税收负担。在征税时，我们必须时刻**关注社会平衡**，因为一个人受益可能意味着另一个人受损。因此，我们要以尊重和宽容的态度去理解这些矛盾，有尊严地对待彼此，并寻求解决方案。毕竟，矛盾无处不在。

树木

中欧的一棵橡树已经有近500圈年轮了，经历了暴风雨、干旱、虫害、野兽撕咬、砍伐和战争等威胁，依然顽强地生存着。如今，它有60多万片叶子，每天能够生产12千克的糖，蒸发约400升的水。这棵橡树还能够吸收2~3个欧洲独户住宅排放的**二氧化碳**，同时产生的**氧气**足够供应10个成年人的日常所需。

光合作用

叶绿素是植物中一种神奇的绿色分子，它能够利用光能将废气和水转化为养分和新鲜的空气。光子照射在树叶上时，这个微小的加工厂就开始运作了。如果树木有充足的**水分**，叶子上就会开启一个小通道，**二氧化碳分子**会顺着通道进入树叶内部。这时，微小的叶绿素开始利用太阳的能量来分解**二氧化碳**，并借助水分子和土壤中提供的各种养分，形成新的化合物，如**氧气和糖**。氧气通过气孔被释放到空气中。糖和其他产物，如蛋白质、脂肪和维生素，对所有树木和植物都至关重要，它们是茎、枝和根的组成部分，也是叶、花和果实生长的基础。这种将外部化合物转化为内部化合物的不可思议的过程被称为光合作用。

木材主要由近50%的碳、44%的氧和6%的氢组成。仅有不到1%的成分来自土壤中的矿物质，而木材燃烧时，这些矿物质会变成灰烬。

你能想象树木之间也会进行对话吗？或许你会觉得这不可思议！但事实上它们会通过气味来交流。例如，树木受到害虫的侵扰时，它们会释放出一种气味来警告同类。

你听说过"木维网"吗？在森林中，树木通过隐藏在地下的巨大真菌网络相互连接，并与它们形成了一种伙伴关系。树木为真菌提供生长所需的糖分，而作为交换，真菌则为树木提供其他重要养分。数百万年来，真菌和植物一直保持着这种共生关系。

永续农业

  永续农业是一种与自然和谐共"舞"的农业生产方式。

  人们可以随时在一小块农田上建立永续农业。它们不需要人类的大量精力和金钱，只需要观察力、创造力和爱心。在一个小型的生态系统中，不同植物相互影响和协调，从而增加了植物的多样性。寄生虫、真菌、细菌和其他无数生物为土壤注入活力，帮助不同物种交换养分。在这个环境下，一个物种产

碳循环

碳（C）是构成有机物的基本成分之一，无论在骨骼、皮肤、植物，还是在岩石、沉积物、晶体和矿物中都含有碳。与水一样，碳也在生物体、空气、土壤、河流和海洋之间循环流动。植物在光合过程中吸收二氧化碳，并在体内储存大量的碳。动物和人类食用植物，吸入植物释放出的氧气，再呼出二氧化碳。这样，生产者和消费者之间形成了一种平衡。年轻的森林为了快速生长吸收了大量的二氧化碳，而年长的森林则成了一个巨大的二氧化碳储存库。如果森林被砍伐和燃烧，储存的碳就会再次释放到大气中。此外，森林土壤中也储存着大量的碳。腐烂的物质和土壤中的生物会向地表的植物释放二氧化碳。在大洋中，浮游生物吸收二氧化碳，鱼类以浮游生物为食，并再次排放出二氧化碳。

生的废物可以成为另一个物种的养分来源。例如，蜜蜂在采花蜜的过程中也间接地为野花和果树授粉。植被茂密的土壤可以防止脱水和水土流失，一年四季不同的作物确保了我们厨房食物的多样性。永续农业可能是未来最可持续的理念之一。

超倍数增长

在过去的1盖亚分，也就是过去的60年里，世界人口增长了1倍多，二氧化碳排放量增加了4倍，能源需求增加了5倍，渔业和肉类产量也增长了5倍，饮用水消耗量增加了6倍，全球石油消耗量甚至增加了7倍。然而，你可能不敢相信：今天，因为人类活动的影响，物种灭绝的速度比过去几百万年快了10到100倍！

地球是一个资源有限的星球，在一定程度上，它可以再生被人类消耗的资源并分解人类产生的污染物。然而，人类现在的行为就好像有两个地球可以支配一样。在某些国家，甚至好像有五个似的。这意味着，世界人口在1年的12个月中，有多达5个月是靠"贷款资源"生活的。矿藏被开采，海洋被捕捞干涸，空气被污染。超过四分之三的地球土地被人为改造，仅剩下了四分之一的原始自然面积。

干渴的生活方式

全球近一半的人口每年至少有一个月面临缺水的困境，数百万人仍无法直接获得干净的饮用水。每个中欧人每天平均用水量不到200升。（其中4%用于烹饪和饮用，其余用于洗涤、刷洗和洗澡）。

然而，虚拟水[1]消耗却达4000 ~ 5000升。这些水主要用于农业、畜牧业和工业。其中农业用水量占92%。

————————
1　虚拟水，是指在生产产品和服务中所需要的水资源数量，即凝结在产品和服务中的虚拟水量。——编者注

购物瘾

购物已经成为许多人最喜欢的
休闲活动。据估计，现在每个欧洲
人平均拥有10000件物品，而在
100多年前，人均最多只有100
件。新的物品不断被生产、
包装、宣传和购买，经常有还
没使用就被扔掉的东西。所有财产都
想与我们共度时光：书要读，唱片要
听，游戏要玩，当然还有设备要用。
因此，许多人在压力下叹息："我没有足够
的时间啊！"

空空的海洋

如今，85%的海洋鱼类不是被过度捕捞，就是
已经灭绝。能装下12架大型喷气式客机那么大的
网把海洋捞得空空如也。刚从海里捕上来的鱼被冷
藏和加工，然后销往世界各地。每年有30多万头小
鲸鱼、海豚死于拖网。在庞大的**捕鱼船队**的捕捞之
下，海洋几乎枯竭了。以捕鱼为生的渔民和依赖渔
业的村子都面临生计威胁。

你知道吗？

今天，我们只开发了大约5%的海洋，而只有1%
的海洋被划定为保护区。

不断消失的海滩

听起来可能有些荒谬，但**沙子**已经成为一种稀缺的原材料。

全世界每年需要使用150亿吨沙子来建造房屋、工厂、道路和桥梁。

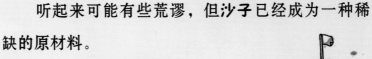
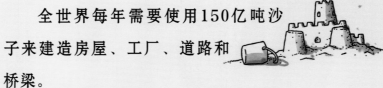

大片沙漠地区的沙子并不适合建筑使用，于是**海滩**被大量挖掘，数十万立方米的沙子从海底被吸走。目前，深海还掀起了一股淘金热：除了沙子、石油和天然气之外，每年还有相当于美国两倍国土面积那么大的**海床**被"翻掘"，以开采金、镍、钴、锰、锌和铜等矿产资源。

待机模式

尽管资源在不断减少，但全球超过三分之二的电力仍然依赖于化石燃料。

这导致全球三分之一的二氧化碳排放量来自发电。

虽然节能技术取得了巨大进步，但新型电器对电力的需求仍然很大。欧洲每户家庭拥有数十种电器，其中多数都处于待机状态。

仅在德国，就有两座核电站持续运转，以确保所有家用电器都能随时使用。

永远在线

如今，欧洲的手机数量已经超过了其人口总数。全球每年有近40亿部手机被丢弃。

手机在生产过程中使用了60多种宝贵的金属和矿物质，如金、银、铜和钴等。尽管如此，欧洲只有约3%的手机得到了回收利用。

全球每分钟产生超过370万次搜索查询、1800万条短信、3800万条软件消息和1亿8500万封电子邮件。

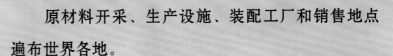

失去控制

约90%的国际贸易是通过海洋运输进行的，巨大的**集装箱船**将货物运送到遥远的地方。

原材料开采、生产设施、装配工厂和销售地点遍布世界各地。

例如，牛仔裤需要穿越四个大洲才能让我们穿在身上。约一半的**利润**归零售商所有，品牌商则赚取四分之一的利润。材料成本约占13%，运输约占11%。那么，亚洲或非洲的缝纫工厂还能赚多少呢？没错，计算正确，只有约1%。

首尾相接

自2010年以来，地球上的汽车数量已经超过了10亿辆。如今，道路上行驶的汽车数量甚至可能超过了15亿辆。全世界每天新增的汽车超过20万辆。

如果我们让所有的汽车在高速公路上首尾相接排成一条长龙，那么，用150多条高速公路车道就能绕赤道一周。

你知道吗？

——汽车有95%的时间是停在路边的。

——欧洲平均每户家庭拥有1.5辆汽车。

——在中欧，几乎一半的车行驶距离短于5千米，十分之一的车行驶距离低于1千米。

——全球每天都在铺设新的道路。例如，在奥地利每天都要为新的交通线和停车场铺设沥青和混凝土，面积相当于14个足球场。

云端之上

尽管取得了巨大的技术进步，但迄今为止，**飞机仍然是对环境破坏最严重的运输工具。**

一架往返纽约的飞机要消耗150多吨煤油燃料，并在大气中排放大量的废气。

全世界每一秒就有一架飞机起落。然而，2018年全球只有约3%的人乘坐过飞机，只有约18%的人曾登上过飞机。

你知道吗？

自首次飞越大西洋以来，海外航班上的煤油一直是免税的。

最"伟大"的金钱？

金钱在我们的社会中扮演着重要角色。我们用钱购买食物、药品和衣服，还要付钱理发。我们用它来支付车票和房租。货币本身就是人类一项不可思议的发明。毕竟，货币体系之所以能运行到今天，主要是因为我们都相信印刷的纸张实际上是等价物。

财富分配不均是全球面临的一大问题。目前，少数人拥有的财富相当于37亿人的总和。这听起来很疯狂吧？！

世界每年增长的财富中，有五分之四流向了世界最富有的百分之一的人口。因此，财富差距不断扩大，约有12亿人每天的生活费甚至不足1欧元。

对肉类的追求

欧洲人一生平均要吃掉1000只动物（这还不算吃掉的鱼类！），其中大部分来自动物饲养场。

到目前为止，生产牛肉所消耗的资源在所有食品中是最多的。全球多达70%的农业用地用于肉类生产，这是因为全球约一半的谷物被用作动物饲料。全球生产的大豆中，约85%被用作精饲料。

你知道吗？
全球近三分之一的人口超重或肥胖。

废气、废水、砍伐和垃圾

目前，大气中的**温室气体排放量**已经达到了80万年来的最高水平。各种废气，尤其是二氧化碳，正在加速地球变暖。烟雾、几乎看不见的微尘和炭黑颗粒污染了人类和动物呼吸的空气。此外，轮胎磨损颗粒、人工肥料和微塑料在下雨时会进入我们的下水道、地下水、土壤，甚至是食物链中。

每天还有成吨的过期药品、五颜六色的柔顺剂和数以千计的其他危害环境的物质被排入下水道。例如，我们每次洗衣服就有多达2000根细小的塑料纤维被排入**废水**中。与此同时，全世界仍有80%的城市废水未经处理就流入河流、湖泊或海洋。

据估计，已经有超过8500万吨的**塑料**进入了我们的**海洋**。其中大部分漂浮在海面上，形成明显的巨大的由塑料形成的旋涡。大多数塑料最终进入海洋生物的胃中，还有一部分塑料可能会沉入海底。

全世界每年有1300万公顷的**热带雨林被砍伐**，大部分被改种单一作物。这相当于整个奥地利和瑞士的国土面积。

一个欧洲人平均每年扔掉500千克的**垃圾**。这相当于50头成年奶牛的重量总和。然而，这仅是生活垃圾的量，还不包括商业垃圾、工业垃圾、废旧材料和建筑瓦砾，以及道路和建筑施工产生的大量土方垃圾。人类每分钟可以生产近20000个塑料瓶。目前，只有约7%的塑料瓶被回收利用。此外，我们生产的食物中有40%会被丢弃和变质，这一比例令人震惊。

目前，人造垃圾甚至还飘浮在太空中。大约有1.5亿块废弃卫星和火箭产生的**太空垃圾**围绕着地球飘浮，并且这个数量还在不断增加。

混凝土浇筑、沥青铺设、污染、腐蚀和脱氢

世界各地的肥沃土地不得不为新的道路、停车场、城市、工业区、牛群、牧场和单一作物的田地让路。只有不到17%的土地仍是未经开发的荒野。超过四分之三的土地已经被人类改造利用。

你知道吗?

在1立方米肥沃土壤中，生存的微生物数量比全世界人类还要多。

数一数

你能在第90—97页上找到多少个油桶？**每个油桶代表着现实生活中的100万桶油**，而装满一个油桶就需要将近160升原油。这真是令人难以想象！但是，人类每天就要消耗这么多的原油资源。（算一算，具体是多少呢？）

一个拥挤的世界

地球上每天增加22万人。

1800年，地球上生活着约10亿人。120年后，地球人口已经达到了20亿，又过了不到50年人口就将近40亿。1999年，地球上的人口超过了60亿。2022年，世界人口已经超过了80亿。21世纪末，世界人口可能达到100亿。甚至有人假设，到2100年，全球人口将超过120亿。这表明**人类数量在短短300年间增长了10倍多！**

在这个拥挤的世界里，我们不仅面临着新的挑战，而且必须重新思考问题的解决方案。

不知为何，这一切对我来说太过沉重

文明太多，自然太少！	虚拟朋友太多，现实朋友太少！
垃圾太多，鲜花太少！	喜欢太多，拥抱太少！
噪声太多，鸟鸣太少！	信息太多，关注太少！
灯光太多，星星太少！	需求太多，时间太少！
远行太多，邻里聚会太少！	愿望太多，梦想太少！
屏幕太多，眼神交流太少！	

法蒂玛的结束语

我们的旅行到这里就结束了。但真正的"旅行"才刚刚开始，就在我们每个人的现实生活中，无论是在家和学校还是在商界和政界，无论身处国内还是遥远国外。

接下来会发生什么？　　　　　我们能做什么？　　　　　你又可以做什么呢？

观察你的周围，提出问题，并进行思考。和大家交流你的想法，最后做出决定。你每天早上使用的牙膏里含有什么成分？用过的牙刷最终去了哪里？早餐吃的鸡蛋来自何处，烤面包的谷物产地在哪儿？你休息时会带零食吗？还是会在自动售货机里购买包装好的棒棒糖和塑料瓶装的果汁？

你今天可以乘坐公共交通或拼车上学吗？你喜欢骑自行车或是滑滑板上学吗？还是喜欢步行呢？为了给树木、花坛、自行车道和人行道腾出空间，哪些街道需要禁行汽车呢？哪些角落和广场可以被美化，变成让人心情舒畅的地方？

在学校里，你可以向同学们提问生态足迹的含义，并一起思考如何尽量减少个人的生态足迹。同时，你也可以问问他们是否听说过"从摇篮到摇篮"、永续农业和仿生学这些令人兴奋的主题。如果大家对这些主题感兴趣，可以申请老师开展相关项目活动。在课上，你可以向老师请教虚拟水及温室效应是如何产生的。

也许数学不是你最喜欢的科目？但数学是我们

宇宙的语言，它能够将最遥远星系的信息远距传送到你的书桌上。这样你就可以理解自然规律，计算分子过程并测量能量。

在地理课上，你们可以探讨世界各地的特点。哪些地区可以使用地热能？哪些国家可以利用潮汐或海浪发电厂发电？又有哪些地方可以利用洋流实现海洋清洁项目？

哪里缺水，哪些地方可以尝试推进沙漠化防治工作？

通过这些讨论，你会发现世界上有一些地区的人们每天都在为生存而努力。对他们来说，保护环境或捍卫森林、土地和水资源可能还不是当务之急。也许，与世界上某个地方的同龄人成为网络笔友也是一个不错的主意。你可以利用英语课上学到的知识，了解那里孩子们的日常生活，他们面临什么问题。你是否有机会以某种方式为他们提供帮助呢？

你上过物理课吗？在物理课上，我们可以学习自然界的规律和支配我们星球的力量。也许，你们

当然，我不能说如果改变，情况就会变得更好，但我可以说的是，如果要变得好，就必须改变。

——乔治·克里斯托夫·利希滕贝格
（Georg Christoph Lichtenberg）

可以建议老师进行一项实验，以解决我们未来面临的一项重大挑战：如何以环保的方式储存风力涡轮机和光伏电池产生的电能？势能能否成为大型环保电池的一种解决方案？压力和密度定律是否对此有所帮助？离心力和拉力呢？或许还可以将它们结合起来使用？

是不是有人和你说过化学是一门枯燥乏味的学科？然而，神奇的化学却能带给你惊喜！宇宙中的所有元素都可以在一张纸上找到。元素周期表列出了万物的基本组成元素。原子需要能量才能结合成分子，形成细胞和晶体。它们构成了我们的空气、海洋、山脉、每颗行星和每缕阳光。

在放学回家的路上，你可以和朋友们一起想一想，有没有哪些衣服是可以换着穿的，这样就不用买新衣服了。哪些玩具和书籍可以互相借玩、借阅和赠送？下午你们一起做些什么？你所在的地方是否有组织可以帮助清理林间小道、河岸或海滩上的垃圾？有没有业余时间一起植树的组织？在哪儿可以学习修自行车或制作收音机？你附近有教授机器人和3D打印的课程吗？

今天吃什么？是选择素食还是有机食品？外地的还是当地的食材？帮忙做饭时，要不要问问食材的来源？思考一下如何减少包装垃圾，为环保出一份力。

你想要什么生日礼物？比起一件实物，你更希望拥有一次不同寻常的旅行经历吧？因为东西可能会丢失，而一次旅行经历却能让人终生难忘。那么，下一个假期你打算去哪里呢？或许可以选择坐火车到达目的地，体验在卧铺车厢过夜的趣味。

你认为单靠自己的力量无法改变世界？是的，没错。为了未来的美好生活，我们必须做出改变。但其实你并不孤单！

你只要在自己的生活圈里勇敢地改变就足够了。相信许多其他人也会这样做。所有这些小的影响加在一起，就会影响整个世界。仍有许多人觉得自己的力量微不足道，但如果这些人都参与进来，未来就会看到一个崭新的世界。

你的朋友法蒂玛

致谢

这本书的灵感来源于上百本书和杂志、上百部电影和纪录片、上百场访谈、上百个网页和活动。我通过无数场长谈、短谈、实事求是的讨论和激烈的争论，以及无数次大大小小的经历，获得了写作这本书所需的素材。此外，无数次或远或近的旅行，深入的思考，突发的灵感，无数次短暂或紧张的见面，经历的美好和悲伤，

我们认真地进行了调查、审核、讨论、起草、分析、构思、检查和修正。在这个过程中，我们怀着最美好的愿望，进行了选择、浓缩、探讨、设想、憧憬和幻想。

这些都对这本书的完成起到了帮助作用。

我的家人、朋友、同事以及我认识的许多有趣的人，你们都对我的想法产生了影响，我将这些影响融入了这本书。没有你们的帮助，这本书是无法完成的！

衷心地感谢你们！

我们特别希望，让孩子们能够进行有意义、有价值的阅读。遗憾的是，尽管我们非常谨慎，但也无法完全保证没有任何一点错误，特别是随着时间的推移和科学的进一步发展，也无法排除一些数字和事实错误。

任何违背自然规律的事情都不会长久。

——查尔斯·达尔文

图书在版编目（CIP）数据

探索一个没有石油的世界：小女孩法蒂玛的奇妙之旅 / (德) 雅各布·温克尔著；文月淑译. -- 北京：中国画报出版社, 2025.3. -- ISBN 978-7-5146-2311-6

Ⅰ. TE-49

中国国家版本馆CIP数据核字第2024XW5378号

北京市版权局著作权合同登记号：图字01-2024-0713

Copyright © 2021 von dem Knesebeck GmbH & Co. Verlag KG, München

A divison of Média-Participations.

Text and Illustration Copyright © 2021 Jakob Winkler

Original German title: Fatimas fantastische Reise in eine Welt ohne Erdöl

All rights reserved in all countries by von dem Knesebeck GmbH & Co. Verlag KG.

The Simplified Chinese translation rights arranged through Rightol Media（本书中文简体版权经由锐拓传媒旗下小锐取得Email:copyright@rightol.com）

探索一个没有石油的世界：
小女孩法蒂玛的奇妙之旅

[德] 雅各布·温克尔　著　　文月淑　译

出 版 人：方允仲
策　　划：李聚慧
责任编辑：李聚慧
内文排版：郭廷欢
责任印制：焦　洋

出版发行：中国画报出版社
地　　址：中国北京市海淀区车公庄西路33号　邮编：100048
发 行 部：010-88417418　010-68414683（传真）
总编室兼传真：010-88417359　版权部：010-88417359

开　　本：8开（787mm×1092mm）
印　　张：13
字　　数：80千字
版　　次：2025年3月第1版　2025年3月第1次印刷
印　　刷：北京汇瑞嘉合文化发展有限公司
书　　号：ISBN 978-7-5146-2311-6
定　　价：128.00元